让孩子受益一生的
亲子
整理术

卞栎淳　陈俐嫔
—— 著 ——

清华大学出版社
北　京

图书在版编目（CIP）数据

让孩子受益一生的亲子整理术 / 卞栎淳, 陈俐嫔著.

北京：清华大学出版社，2024. 7（2024.12重印）. -- ISBN
978-7-302-66643-1

I. TS976.3

中国国家版本馆 CIP 数据核字第 2024VK0875 号

责任编辑：左玉冰
封面设计：方加青
插　　画：郭郭插画工作室
版式设计：张　姿
责任校对：王荣静
责任印制：杨　艳

出版发行：清华大学出版社
　　　　　网　　　址：https://www.tup.com.cn，https://www.wqxuetang.com
　　　　　地　　　址：北京清华大学学研大厦 A 座　　邮　　编：100084
　　　　　社 总 机：010-83470000　　　　　邮　　购：010-62786544
　　　　　投稿与读者服务：010-62776969, c-service@tup.tsinghua.edu.cn
　　　　　质 量 反 馈：010-62772015, zhiliang@tup.tsinghua.edu.cn
印 装 者：大厂回族自治县彩虹印刷有限公司
经　　销：全国新华书店
开　　本：148mm×210mm　　印　张：6.5　　字　数：122 千字
版　　次：2024 年 9 月第 1 版　　印　次：2024 年 12 月第 2 次印刷
定　　价：59.00 元

产品编号：097794-01

亲子整理是父母与孩子的一方"净土"

❶ 亲子整理是每个父母和孩子的必修课

亲子整理培养的是孩子好好生活的能力。PET父母效能训练工作坊的安心老师曾在成都家庭教育高峰论坛上分享:"请教会我们的孩子生活,而不是生存。"我们或许经历过生存的考验,但今天的孩子,他们值得更好的生活。很多父母将整理单纯地视为收拾、打扫,认为整理是一件类似于家务活的事。其实,整理的内涵与重要性远不止于此。

亲子整理应该关注的是过程而非结果。在这个过程中,提高孩子的动手能力、分类能力、逻辑能力、判断能力、归纳能力等。而这些能力远比整理物品本身更重要,是孩子在学习、工作,乃至以后的家庭生活中不可或缺的能力,足以构成一个孩子的人生基础能力。

② 在家庭中创造整理的环境，打下整理的基础

孩子从出生到青少年时期，绝大部分时间生活在家庭里。家庭环境对孩子有潜移默化的影响。即使不是专业的整理师，父母也可以给孩子提供亲子整理的家庭环境。在陪伴很多家庭整理的过程中，我逐渐有了家庭亲子整理的概念，并开始了这方面的研究和实践。

整理收纳技巧和底层逻辑是共通的，只要掌握正确的方法和技巧，父母都可以在家中为孩子创造一个良好的整理环境，为孩子打下整理的基础，这也是我在这本书中倡导家庭亲子整理的原因。

③ 父母是孩子最好的整理老师

2022 年教育部正式印发的《义务教育课程方案和课程标准》，将劳动课正式设为中小学独立课程，而整理与收纳被列为新课标课程之一。整理与收纳逐渐进入学校和父母的视野，成为孩子的人生必修课程之一。

生活即教育。除了学校课程的学习以外，回到家里还需要学习吗？父母需要学习吗？要回答这个问题，我们不妨想象一下，如果孩子生活在一个没有秩序的家庭环境里，即使在学校里学习了课程，孩子的生活习惯也不会有大的改变。

因此，要想让孩子从小养成整理收纳的好习惯，父母是孩子最好的老师。父母在和孩子一起学习整理的过程中，要有一双会观察的"火眼金睛"，敏锐地观察孩子成长过程中的点滴需求，做到因材施教，进行个性化指导。其实，教孩子学整理，一点儿都不难，难的是改变父母的观念，放下身段，蹲下来和孩子一起整理。

亲子整理，不仅是在整理有形的物品，也在整理无形的生活。能够整理好自己物品的人，也可以整理好自己的人生。家是学习整理的最佳环境，而父母是孩子最好的整理老师。

目录
CONTENTS

第 1 章　一起玩转亲子整理

1.1　什么是亲子整理　　002

1.1.1　亲子整理的目标　　009

1.1.2　亲子整理的重要意义及其独特性　　015

1.2　亲子整理是孩子成长中的一笔财富　　022

1.3　父母在亲子整理中的秘密武器　　031

1.3.1　尊重孩子的感受，让孩子更愿意配合　　031

1.3.2　鼓励孩子自立，让孩子有持续内驱力　　035

1.3.3　三大句式让你"赢得孩子"而不是"赢过孩子"　　038

1.4　四个步骤，让孩子整理有条理　　042

第 2 章　让孩子轻松爱上亲子整理

2.1　三个方法，让孩子轻松做好整理　　　　065

2.2　两个原则，让玩具变得井井有条　　　　070

2.3　三个区域，让孩子享受专注学习的快乐　　072

　　2.3.1　有秩序的书桌，还孩子安心学习空间　　075

　　2.3.2　有条理的书包，让孩子不再丢三落四　　079

　　2.3.3　有规划的阅读区，创造"书"适的童年　　083

2.4　两个策略，让孩子感知整理的意义　　　096

　　2.4.1　打造孩子的居心所　　　　097

　　2.4.2　打造属于孩子成长的里程碑　　　　103

2.5　24 个游戏，让孩子玩转整理技巧　　　110

　　2.5.1　衣橱整理收纳游戏　　　　114

　　2.5.2　分类整理收纳游戏　　　　117

　　2.5.3　玩具整理收纳游戏　　　　119

　　2.5.4　规划整理收纳游戏　　　　122

　　2.5.5　收纳习惯养成游戏　　　　124

　　2.5.6　自我管理提升游戏　　　　127

第 3 章　日常生活管理从亲子整理开始

3.1　出门整理：不拖不磨动作快　　　136

3.2　放学整理：动线管理不瞎忙　　　138

3.3　日程管理：孩子时间自己管　　　140

3.4　自我管理："想做""要做"更从容　　　144

3.5　旅行整理：孩子成长看得见　　　150

第 4 章　今天，我们开始做整理

4.1　开启家庭整理会议，全家一起行动　　　157

4.2　行动计划表来帮忙，孩子改变进行时　　　162

4.3　"能量存折"用得好，孩子进步看得见　　　165

第 5 章　写给孩子的整理日记

5.1　拥有独立儿童房，开启自律与自由之门　　　170

5.2　目之所及都是热爱，旧东西也要珍惜　　　181

5.3　比学区房更重要的是，父母对家的经营　　　185

5.4　家的秩序感，是孩子天然的感知和需求　　　188

后记　　　191
致谢　　　194

第 1 章

一起玩转亲子整理

做得很棒!

1.1 什么是亲子整理

亲子整理≠"亲子"＋"整理"简单叠加

亲子整理＝"整"＋"理"＋"环境教育"

在传统的家庭教育中，父母对孩子的要求往往与成绩有关，孩子只需要关注如何提升学习成绩，家长很少让孩子参与家务，更不会教孩子整理收纳的知识。但事实上，整理收纳自己的物品，管理好自己的物品，是每个人生活中不能忽视的部分，孩子也不例外！

目前，很多家长对亲子整理这一概念的理解存在一些误区。

"亲子整理太难了。"

"亲子整理就是孩子的事情，和大人没有太大的关系。"

但对于 0~12 周岁的孩子来说，重要的学习认知不仅仅来自学科本身，更多来自环境，包括学校环境和家庭环境。亲子整理的过程是：从陪伴到放手，从爱到引导。家长需要学会的第一课是整理，第二课是引导。

> 整理：亲子整理不是命令孩子自己整理，而是大人引导孩子并与孩子一起整理。
>
> 引导：没有不爱整理的孩子，只有不懂亲子整理的家长。
>
> 目标：亲子整理的目标是培养孩子终身受用的能力。

亲子整理，不是"亲子"和"整理"的简单叠加，而是家长规划和营造一个适合孩子成长的环境，有意识地通过环境和家长的言传身教、生活方式、情感交流等一系列知识和方法的融合，对孩子进行持续性的"环境教育"影响，即"境教"（如图 1-1 所示）。

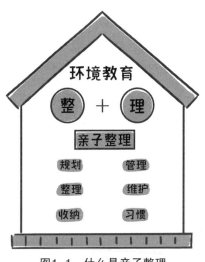

图1-1 什么是亲子整理

"整" = 规划 + 整理 + 收纳。由家长主导或者直接带领孩子来完成。

"理" = 管理 + 维护 + 习惯。家长在规划整理收纳的基础上,逐步放手,让孩子自己管理物品,做好儿童房区域和物品的维护,最后养成整理的好习惯。

"环境教育"是真正的家庭教育,重点不是教育而是家庭教育环境。

人们常说,什么样的家庭环境造就什么样的孩子,孩子的成长与环境密切相关。小学课本上孟母三迁的故事,也给了我们深深的思考。

孩子的成长环境除了静态的物品以外,还包括家庭、学校,甚至家人和孩子在外部的其他环境,也就是会给孩子视觉、听觉、触觉等感官带来刺激的所有物品、空间、人,都属于孩子成长环境中的元素。同时,你会发现人的影响甚至比空间和物品的影响还要重要。

回过头来思考为什么会出现这种情况?可能原因出在孩子成长的敏感阶段。孩子是会模仿的!家人、学校老师和同学的言行都会潜移默化地影响孩子,孩子会不自觉地学习模仿,所以我们更需要考虑为孩子创造什么样的成长环境。

孩子成长教育阶段分为家庭教育、学校教育和社会教育三个阶段,父母在考虑为孩子创造良好的成长环境时,应首先从家庭环境开始(如图1-2所示)。

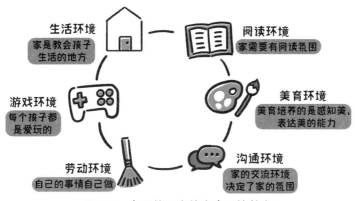

图1-2 亲子整理中的家庭环境教育

　　亲子整理与生活环境有关。在这个世界上，对于每一个人来说，最眷恋且最幸福的地方，一定是家；最如影随形的人，一定是父母。家，是教会孩子生活的地方。整理，是打造生活环境的方法。

　　亲子整理与游戏环境有关。每一个孩子都是爱玩的，孩子从出生开始就在玩耍，乐此不疲。孩子通过观察模仿他人的动作逐渐丰富玩游戏的方式，并在游戏的过程中体验快乐和成长。所以，在父母陪孩子整理的过程中，游戏环境是一定要重点打造的环境之一，这样能让孩子在整理中感受到快乐和成就感，增长学识和提升思维能力。在亲子整理"境教"中，游戏环境不可或缺，孩子在游戏中的心境会更开放，吸收知识也会更容易。

　　在和孩子父母沟通的过程中，我们发现多数父母会认为以玩乐游戏为主的孩子是极度顽皮的，甚至是不好的。他们希望孩子的每一个动作，每一个行为都是规矩的。但孩子在玩玩具的时候，如果设置太多的限制，反而会把孩子的好动顽皮、天真烂漫扼杀。慢慢地，你会发现孩子的创造力也在逐渐消失。

我认为，孩子一定要有自由的家庭环境，可以自由地玩乐，可以有自己喜欢的物品，同时也要有需要去完成的事情，而不是一味地玩游戏，也不是一味地遵守规矩。我们作为父母，很多时候会先入为主，面对孩子玩乐，第一反应就觉得孩子有错，并且会坚定地认为孩子的错需要改，他们需要学、需要承担责罚。自然而然，父母脱口而出的都是指责和命令。作为父母，应当在家中给孩子预留适当的游戏环境，让孩子在成长空间里可以自由游戏，这也会为日后学习整理打下一个好的基础。

亲子整理与劳动环境有关。有很多父母，特别是父亲，平时缺少耐心，做家务时宁愿自己动手，也不愿意用更多的时间来引导孩子做，这就导致大部分的家务事都是父母在做，而孩子完全没有参与感。事实上，孩子在很小的时候，确实需要大人的照顾，但随着孩子不断地成长，他们也应该逐渐明确自己需要去做的事情，逐渐变得独立、自主。父母在这个过程中，可以开始由代劳转变为协助。

比如，在孩子进入幼儿园之后，开始学习穿衣服、穿袜子、穿鞋、背书包等，这些都需要家长花时间陪孩子逐渐熟悉到他们可以完全自主。而进入小学阶段，孩子可以在劳动课上学习煮饭、整理和打扫自己的房间，父母则应尽可能地为孩子创造良好的劳动环境，让孩子有机会养成劳动的习惯，最终完全独立。

亲子整理与阅读环境有关。大语文时代的到来，使越来越多的家庭开始关注孩子的阅读环境。很多人离开学校之后，就正式脱离了学习状态，对于学习、阅读，几乎没有再拾起来过。或者换句话说，很多父母自己都不再阅读了，那么在这种情况下，怎能建设良好的阅读环境呢？所以，父母需要躬身入局，除了给孩子创造舒适的阅读区域外，也需要有自己的一方阅读天地，以身作则，与孩子一同阅读起来。

亲子整理与美育环境有关。美育培养的是孩子感知美、表达美的能力。在孩子的成长环境中，审美的需求越来越受到关注。父母在孩子艺术上的培养，不断投入，孩子开始有自己的审美需求，特别是在分房过渡期间，很多孩子对于房间内的物品摆放、衣服的穿搭，逐渐有了自我判断。甚至是3岁的小孩子，每天的穿衣打扮，也开始有自己的想法。这个时候，父母不要做过多干涉，孩子能够自己挑选物品，会更加开心。

亲子整理与沟通环境有关。家庭的沟通交流环境，是我们在亲子整理过程中，非常值得探讨的话题。家庭的交流环境很大程度上决定了这个家的氛围，家庭中的交流和家庭活动的仪式感是紧密联系的。小时候，我很羡慕隔壁伯伯家的姐姐，她家每天都会等所有家庭成员起床后一起吃早饭。早饭结束

图1-3　亲子整理中环境教育在家庭场景中的呈现

后，全家人会聚在一起谈论当天的见闻，或者讲讲前一天发生的趣事，同时父母也会在谈话的过程中，将人生道理传递给她。在她家，家人们不定期会一起阅读、傍晚散步、睡前谈心、共读故事或者周末家庭聚会。

家庭日的活动还可以是爬山、野餐、游园、旅行等，每周的家庭活动能更好地促进父母和孩子之间的互动和交流。

亲子整理融入父母和孩子的日常生活中，包括整理物品、规划事项、安排时间、做好计划，甚至维系关系。由物及人，再到时间和生命，在点点滴滴中为一个家庭带来积极的影响，润物细无声地滋养孩子的一生（如图 1-3 所示）。

1.1.1 亲子整理的目标

亲子整理关注的是过程教育，非结果教育！
亲子整理的目标是培养孩子终身受用的能力。

为什么学习亲子整理如此重要？亲子整理可以给孩子和父母带来什么？又会给家庭带来哪些改变和成长？

整理无处不在，孩子在成长的过程中，要学习管理自己的玩具、学习物品、生活用品，进而管理自己的生活空间，再到管理自己的时间和生活。亲子整理可以培养孩子管理自己一生的能力。

父母和孩子亲子整理的目的是提升孩子各方面的能力。亲子整理不只是让孩子把所有的物品摆放整齐，更是在整理的过程中，培养让孩子终身受用的能力。

亲子整理可以培养孩子的哪些能力呢？笔者认为有沟通、规划、游戏、学习、逻辑、行动六大核心能力，其中包含以下13个方面（如图1-4所示）。

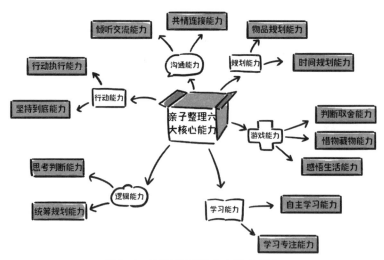

图1-4 亲子整理的六大核心能力

（1）倾听交流能力。在孩子成长过程中，增进亲子感情的最好方式就是沟通。父母和孩子之间的沟通可以让父母及时了解孩子的需求和状态，并且在孩子需要帮助的时候及时给予指导。父母和孩子通过倾听和交流来看见自己和了解对方。

（2）共情连接能力。构建家庭整理收纳体系，需要考量每个家庭成员的收纳需求和收纳能力。家是围绕着全家人的需求和成长生活而存在的，因此亲子整理中的共情力尤为重要。

（3）物品规划能力。孩子对自己的物品进行分类，才能够清晰地感知每个物品的重要性和取用频率，以及相同物品的数量。从物品、空间、时间的整理再到人际关系的整理，更好地提升孩子的规划能力。

孩子学会整理自己的物品，到孩子开始拥有自己的专属空间，是孩子走向独立的第一步，也是最重要的一步。做好儿童房的空间规划，有助于孩子向分房阶段过渡，培养孩子独立自主的能力、强化孩子的界限意识。

（4）时间规划能力。时间规划能力很重要。父母陪伴孩子进行亲子整理应该把时间交给孩子，并陪伴孩子养成规律的生活作息习惯，引导孩子自己管理时间。良好的时间规划能力是保障孩子日后高效学习的基本能力。

（5）判断取舍能力。这是整理游戏中对孩子来说非常好的一种锻炼方式。做亲子整理，父母和孩子一定会面临判断哪些物品是常用的、哪些是不常用的，要快速做出判断，通过筛选的方式对物品做出取舍，这是很多人都缺少的生活能力，但

我们可以通过玩游戏来培养。

（6）惜物藏物能力。亲子整理中，孩子会慢慢养成珍惜自己物品的习惯。在孩子对自己物品有更多了解之后，可以向孩子传递"物品也是有感情的"意识。同时孩子生活在整洁有序的环境里，物品也不容易被损坏。父母与孩子做整理游戏需引导孩子珍惜物品、学会通过规划合适的位置去爱护物品，并逐渐养成这样的习惯。

（7）感悟生活能力。整理游戏有助于提升孩子的生活感悟能力。把整理用游戏的方式融入丰富的生活，让孩子通过游戏更好地去感悟生活。

（8）自主学习能力。自主学习能力很关键，贯穿孩子的一生。相较于其他行为习惯的培养，学习力最为重要，也是最难培养的能力。

很多时候，父母会强迫孩子学习，但如果没有一个良好的学习环境，很有可能不会有好的学习结果。在一个嘈杂的环境中学习，会影响人大脑的思考，从而导致学习效率降低（如图1-5所示）。而安静舒适的环境有利于孩子积极动脑，开拓思维。父母陪伴孩子打造一个有序的学习环境，才能够让孩子抛开杂念，更好地自主学习。

（9）学习专注能力。整理对于打造让孩子容易集中注意力的环境有很大帮助，能最大限度地排除与学习不相关的因素。孩子的年龄和专注力是成正比的，越小的孩子注意力集中的时间就越短，尽早地规划孩子的学习区域，让孩子在有序的环境中学习，可以更好地提高学习专注力。

图1-5 嘈杂的环境对孩子学习的自主性和专注力有影响

（10）思考判断能力。整理收纳本身就是一种思维训练。整理的物品都需要分类、配对、归位，把整理作为训练孩子思考和观察能力的契机是非常有效的，有助于锻炼孩子的逻辑思维能力。

孩子做整理时会开始思考"这个东西我还用得上吗？""这个物品放在这里会不会更顺手？""这个玩具和那个玩具，我平时玩哪一个比较多？""这个本子我用不上，是不是可以送人？"整理收纳的过程就是不断思考的过程。父母不擅自做决定，给孩子一个独自做决定的机会。父母鼓励孩子提出需求，逐步培养他们的思考和评价能力，学会比较、分析、判断，形成自己独立的思考方式。

（11）统筹规划能力。孩子在管理自己物品的时候，学会分类取舍并归位复原，是十分重要的。同时在孩子逐渐独立的过程中，面对越来越多的物品和日益繁重的课业，统筹管理的能力也会逐步形成，其重要性不容忽视。

（12）行动执行能力。从整理玩偶、积木、小汽车到整理绘本、画笔、颜料、本子、纸张、鞋子、衣服等物品，帮助孩子建立他们自己可以管理的收纳体系，让孩子乐于行动。父母学会把任务交给孩子，是行动开始的第一步。所谓的收纳体系，并不需要太复杂。对于孩子来说，物品放进指定的收纳筐里，就是执行最简单的一步，相信两岁的孩子也可以轻易做到（如图1-6所示）。

图1-6 父母学会把简单的任务交给孩子，是行动开始的第一步

（13）坚持到底能力。孩子从小的时候开始用自己可以掌

控的方式来管理物品和生活秩序，父母在陪伴孩子学习整理的过程中，最难的是行动和坚持。但当孩子能够坚持下来，会产生对整理成果的成就感，那种发自内心的喜悦强于父母的任何奖励。在日常整理中，每一个小小的成功都会提升孩子的自信心。有自信的孩子会有更多的勇气去挑战新的事物。

亲子整理的目标是培养孩子终身受用的能力，将整理的力量传递给孩子，为孩子的未来加分。整理是一种照顾自己的生活能力，是从学习到人生规划的行为能力。身为父母，在孩子亲子整理的过程中，从小训练孩子的整理思维，让孩子感受规划、筛选、分类、整理、收纳的每一个步骤。这个过程并不是要将孩子塑造成整理能手，而是让他们学会整理，通过整理的思维学会判断、思考空间、物品与人之间的关系及其意义。整理收纳的过程是一种非常好的逻辑训练。孩子在整理中知道家、感受家，明白整理代表对彼此的尊重、信任和支持，能让孩子在整理中成就更好的自己。

1.1.2 亲子整理的重要意义及其独特性

（一）潜能挖掘，激发孩子思维升级

整理收纳是每个孩子的必修课。整理收纳不仅是为了让家庭生活环境变得更加整洁美观，也是为了让孩子拥有这项日

常生活的必备技能。孩子通过整理收纳知道自己有多少物品需要整理，有哪些收纳工具可以借助，如何摆放会更方便取用，从而促进孩子管理思维的提升（如图 1-7 所示）。

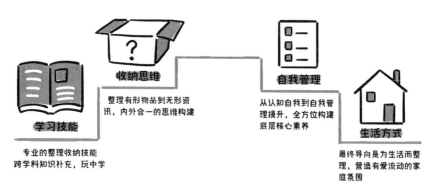

学习技能
专业的整理收纳技能
跨学科知识补充，玩中学

收纳思维
整理有形物品到无形资讯，内外合一的思维构建

自我管理
从认知自我到自我管理提升，全方位构建底层核心素养

生活方式
最终导向是为生活而整理，营造有爱流动的家庭氛围

图1-7　亲子整理激发孩子的思维升级

1. 学习技能：整理收纳，让孩子养成自律习惯

学会整理自己的房间、玩具、书桌、书包是培养孩子自理和自律能力的前提，也是提升孩子自理能力最直接的方式。

学会整理，让自己的所有东西都清楚有条理，是每个孩子一定要学会和养成的好习惯，也是孩子搭建学习方法的重要手段。如果孩子的书桌很凌乱，势必在做作业的时候，会被分散专注力。整洁舒适的环境让人心情愉悦，孩子的注意力也会更集中，做事更高效。

自己的事情自己做，自己为自己所做的事情负责。孩子在每一次成功的独立行动中，不断塑造自我，养成自律习惯。

2.收纳思维：有效梳理，陪孩子搭建条理思维

培养孩子整理收纳的思维，有助于潜移默化地开发孩子的逻辑思维能力。从分类到筛选、从规划到陈列、从管理到维护，孩子通过对物品、空间和自己的关系去观察、判断、理解和记忆，进行有效的梳理，能够培养孩子的自我认知能力和逻辑思维能力。

以整理收纳衣服为例，孩子依据季节、类型、大小、用途等标准来进行分类，并根据分类进行归位收纳，这种梳理会提升孩子的记忆力和分类能力。

孩子的学习也需要分类整理能力。如同整理有形的物品一样，在信息化时代，无形的信息整理更需要整理思维的加持。收集完信息之后，再通过分门别类，概括总结，进行重新梳理和编辑，从而形成新的认知。

3.自我管理：马上处理，帮助孩子构建自我认知

学会整理，提高孩子快速处理事务的能力，是孩子掌控自己人生的第一步。孩子要学着应对自己制造的麻烦，比如杂乱不堪的玩具。如果孩子可以养成"拿出来的东西用完就收起来"的习惯，那么在经过长期的收纳训练之后，孩子就具备了快速应对的能力，也拥有了主动面对未知挑战的勇气。只要孩子在整理物品时能够判断这是"不需要的物品"，那么在他遇到失败、想不出问题的答案时，就能够不拖延，迅速切换思维，大步向前。

在整理物品时，孩子需要面对"留"与"扔"的选择，一个孩子有"选择自己需要的物品"的判断能力，也会有判断"什么是现在应该做的事情"的能力，能够快速地区分事情的轻重缓急，决定处理的顺序。

从整理物品到认知自我再到管理自己的时间，让孩子在整理物品的过程中，逐渐建立自我认知。随着时间推移，孩子的自我意识慢慢增强，逐步产生自己的想法和意愿，从而开始有意识地规划管理自己的时间。这个贯穿孩子成长过程的方法，同样也遵循先整理后管理的原则。

4. 生活方式：取舍选择，让孩子感知生活美好

学习整理收纳，能够提高孩子取舍与选择的能力。每一次取舍，既是一种选择，又是一种成长。从物品的选择到对资讯的判断，再到对未来的选择，让孩子接触更多的事物，有助于让孩子懂得选择。

在日常生活中，我们也面临着很多的选择和取舍。这些选择和取舍不仅关乎我们的生活，而且关乎我们的未来。对孩子来说，学会取舍具有非常重要的意义，能够帮助孩子更好地管理自我，也能让孩子感知生活的美好。

孩子要想在成长过程中做出正确的决策，就需要收集整理每个决策背后的信息，更好地认识自己并且思考每一个选择背后的后果，最终做出合理的决定。孩子在选择取舍时，慢慢会学着把有限的资源分配给最需要的活动，选择把时间花

在哪里，懂得自己未来想要成为什么样的人，在这个过程中体会生活的美好。

（二）敏锐觉察，见证父母成长变化

整理收纳，需要父母和孩子一起成长。亲子整理，不仅能看到孩子的成长变化，也能看到父母的成长变化，这种变化极其明显。其本质是父母和孩子的联结，让父母和孩子彼此看见。

1.觉察：做自己情绪的主人

自我觉察是每个父母的必备能力。只有学会站在孩子的身边，才能发现问题的根源。在亲子整理的过程中，放手交给孩子去做，是父母需要觉察到的第一点。相信孩子的潜力，相信整理的力量。尽量让孩子自己去尝试，去找解决方法，而父母在这个过程中要做的就是观察，在适当的时机给予孩子支持。

面对孩子的问题，尝试用不同的角度去解答，是父母需要觉察到的第二点。许多父母在孩子重复犯错时，注意力都集中在了孩子身上，眼中只有他犯错的事实。这个时候，不妨从多个角度来分析，尝试用不同的方法解决。观察、教导孩子时，孩子的反应、态度就是一个角度。尝试以包容的态度，一同探寻合适的方法。

2.沟通：掌握亲子关系密码

在引导与示范的过程中，父母需要明确告知孩子应该怎么做。

给孩子的指令要明晰，指出重点步骤。不要含糊其辞地跟孩子说："快把东西收拾好。"尤其是一开始指导孩子的时候，要将步骤拆解清楚：把什么东西放在什么地方，按照什么顺序以及为什么要这么做。

在指导孩子的过程中，我们要多用鼓励和激励的语言，这样的语言是让人愉悦的。人们都希望不断地被看见和被鼓励，尤其是孩子。作为父母，首先应该看到的是孩子的成长和进步，让孩子在整理中可以感受到自己不断进步的智慧和能量。

（三）智慧成长，收获家庭能量提升

整理收纳，并不是简单的物品收纳，我们更愿意把它理解为一种生活方式，去营造一个有爱、有能量的空间。

亲子整理，看似是在规划和整理孩子的成长空间和物品，实际上是对全家人的关系整理，包括亲子关系、夫妻关系等。

亲子整理的目的是打造孩子的成长环境，同时将整个家庭关系和盘托出并进行积极建设。

1. 构建家庭亲子整理环境

一个好的家庭亲子整理环境，不仅要满足孩子的收纳需求，而且要给家庭生活创造更多便利。只有每个空间功能规划清晰、合理利用，才能住得更好。

我们要创造的是全家人都能使用的家庭收纳系统，所以整理收纳不是某一个人的事情，而是全家人的责任。想要构建好整理收纳系统，首先要熟悉每一个家庭成员。比如每个孩子各年龄段收纳取放的习惯，每个家庭成员对各自起居的活动空间的需求，全家共同的活动空间的特别喜好等。我们整理收纳的过程，也是对家里现有物品进行审视盘点的过程，对家里的所有物品一一检查，重新建立收纳系统。

2. 传递爱流动的生活方式

家是令爱意流动的地方。在一个有爱的家里，任何地方都可以成为家人互动与休闲的空间，每一个人都能从家的滋养中获取能量。

公共空间是家人沟通和交流非常重要的场所，不管是客厅还是餐厅，都是父母和孩子最容易产生情感连接的地方。亲子关系的改善不外乎全家人一起交流和分享，父母听孩子聊聊当天发生的事情，同时，也可以在交流中对孩子发生的细微变化有所觉察。

亲子整理不能只有妈妈参与，爸爸也需要发挥自己的长处。全家人定期一起参与整理的体验活动，在无形中也会促进夫妻关系的改善和提升。

亲子整理，传递的是一种有爱流动的生活方式。

1.2 亲子整理是孩子成长中的一笔财富

中国人民公安大学教授李玫瑾指出："在孩子的成长过程中，12 岁之前是最关键时期，这个时期对孩子今后的性格、道德品质以及各方面能力的形成有着深远的影响。"不同阶段成长需求是我们规划孩子成长环境的重要依据。人的成长是有特定发展规律的。亲子整理规划最重要的原则是使孩子的物品和不同成长阶段的需求相匹配。因此，父母需要了解清楚孩子 0~12 岁的成长需求，并在整理中实践。如何才能在亲子整理中规划好孩子的成长环境？首先需要家长们了解儿童成长的特征和规律（如图 1-8 所示）。

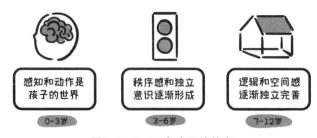

感知和动作是孩子的世界	秩序感和独立意识逐渐形成	逻辑和空间感逐渐独立完善
0~3岁	3~6岁	7~12岁

图1-8　0~12岁孩子的状态

（一）带领 0~3 岁孩子在模仿中游戏和体验

很多家庭在新房装修时，会把儿童房设计得非常完整。最后发现，在很长一段时间里，儿童房完全沦为老人房、保姆房、客房，甚至是杂物间。事实上从孩子出生到3岁这个阶段，儿童房基本上处于闲置或者半闲置的状态。儿童房没有起到原本设计的作用。

比起爸爸，0~3岁的孩子更愿意和妈妈待在一起，妈妈在哪里，孩子就在哪里（如图1-9所示）。所以这个年龄段最好根据妈妈的生活动线来调整功能区域并布置环境。

图1-9 0~3岁的孩子，妈妈在哪里，孩子就在哪里

我们经常会看到这样的画面：

你在厨房忙着做饭，孩子就在你的脚边，学着你的样子切菜、炒菜。

你在书房处理邮件、码字的时候，围着你转的孩子，可能就坐在你对面，拿着一支笔、一个本子，写写画画。

从起床、洗漱、煮饭、清洁、打扫、装扮，到工作；从主卧、卫生间、餐厅、厨房，到客厅，孩子就是你的"小尾巴"，如影随形。

你要相信，孩子的一生中，除了这个阶段，不会再有其他任何时候，可以让你感受到你们之间如此亲密，他那么黏着你、喜欢你，又那么亲近你、想要模仿你。

这个阶段的孩子，妈妈就是他的全部。只要待在妈妈身边，孩子就心满意足。也正因为需要如此多的陪伴，0~3岁的孩子主要活动区域会集中在家庭公共空间，与家庭成员有更多的相处。

专属于孩子的区域可以在妈妈的房间内，也可以设置在家里的公共空间。

妈妈常待的地方都要有孩子的一席之地，无论是主卧、客厅，还是餐厨区域。

这个阶段，孩子的物品主要是与起居相关的，包括衣物、尿不湿、奶粉、奶瓶等；其他物品还包括益智类用品、玩具、绘本等。

3岁之前的收纳工作其实是由父母来完成的。虽然父母是整理收纳的主力军，但不代表这个年龄段的孩子不需要懂收纳。我们需要培养孩子对环境以及父母行为的感知，并不断增强他们的秩序感。

把亲子整理的内容当作早教或者亲子游戏互动的方式之一，让孩子通过互动和游戏感受整理收纳的乐趣。孩子在这个过程中，将用过、玩过的物品归位，能够对自己所属空间和物品的功能有大致的了解，日后也能慢慢强化他们这一习惯。父母要相信，这个阶段的所有努力都不会白费，孩子完全可以胜任父母的小帮手，陪伴父母完成整理。

收纳储物规划：

衣柜：主要用来收纳与孩子起居相关的物品，包含衣物、口水巾等，此时孩子和主要抚养人用同一个衣柜即可，不一定需要单独的衣柜来收纳。

储物收纳柜：收纳尿布、奶粉等养育类物品，父母在孩子这个阶段囤货的数量一定不少，合理的收纳可以避免杂乱。

玩具书柜：开放式的收纳架会更适合放置玩具和绘本。视觉上的直接呈现能够让父母和孩子一眼找到所需物品。通过陈列的形式，让父母和孩子对所有物品一目了然，能够快速找到自己的目标。同时，如果家里的空间允许有独立的设置，我们会建议对孩子的玩具和绘本进行分区规划与布置，让孩子的物品更加清晰分明。

处于这个阶段的孩子，父母只需要给他们制定简单的物品放回原则即可。我给女儿制定的规则，她在执行过程中就特别喜欢。比如，我们希望她可以将垃圾或者不要的东西放进垃圾桶，把书放回书架，把拿出来的玩具放入所属的玩具收纳区域，等等。我们发现，这些简单的整理指令，孩子都可以很好地做到，并且能收获开心和成就感。

（二）引导 3~6 岁孩子在陪伴中养成秩序

3~6 岁是儿童秩序感和独立意识逐步形成的阶段（如图 1-10 所示）。这个阶段恰好是学龄前阶段，也是分房的过渡阶段。在校园、家庭环境的融合与差异中成长的这个年龄段的孩子，其行为习惯开始发生改变。父母需要更多的时间来陪伴孩子成长和养成好习惯。

这个阶段的儿童成长空间规划也会随之变化。

起居空间：从和父母同住逐步过渡到独立的儿童房。

玩乐空间：从家庭的公共空间转变为相对固定的区域。

学习空间：开始添置书桌和布置阅读区，儿童房逐渐发挥作用。

在这个阶段，孩子的物品也会产生较大的变化。从与起居相关的物品、娱乐益智类玩具演变为贴纸和书籍，画笔和贴纸会经常出现在你家的墙面、沙发和桌面上，随手涂鸦伴随着孩子成长。

图1-10 3~6岁的孩子，要在父母陪伴中养成秩序感

收纳储物规划：

衣柜：建议设置独立的衣柜，让孩子可以自己挑选和管理衣服。同时家长要教授孩子折叠与收纳衣物的方法。

玩具柜：孩子的玩具品类与数量激增，需要专属的玩具柜来收纳。

另外，可以根据孩子不同的爱好和需求，选择具有不同展示特点的玩具收纳柜，比如有的小朋友喜欢乐高，有的喜欢芭比娃娃，还有的喜欢小汽车等交通工具，父母在选择收纳柜时要认真考量如何最大程度展现出这些物品的特点。

书柜：随着孩子进入幼儿园，孩子的书籍大量增加，因此在这个阶段，选择书柜可以考虑陈列和收纳相结合。收纳区域除了收纳书籍外，也可以用来存储孩子的画作、画具、文具类的资料等。

在这个逐步转变的过程中，父母应着手去打造儿童房的环境，并且需要逐步给孩子强化儿童房管理权限的意识，让孩子自主进行空间管理。

孩子是管理者，父母则是监督者，空间的管理开始逐步出现分工，这就需要父母和孩子合作，一起打造适合孩子成长的空间环境。

（三）鼓励 6~12 岁孩子学习技法并独立自主

6~12 岁的儿童开始从幼儿园阶段过渡到学龄阶段，走进校园，适应学科教育学习。而在家庭环境中他们会拥有自己私密的空间，开始形成独立的人格（如图 1-11 所示）。

孩子进入小学，学习的压力开始出现，很多父母不再像学龄前阶段只关注孩子对玩具的收拾和整理等基础习惯，会花更多时间关注孩子的学习，但其实这个阶段才是孩子整理收纳习惯养成的关键期。

孩子的学习习惯正是生活习惯的映射。整理收纳并不是不再需要，只是整理收纳的对象发生了变化，孩子可以用整理收纳的方式和逻辑来规划和管理自己的时间与生活，逐渐走向独立。

在这个阶段，孩子常用物品的变化会非常大，比如玩具数量减少，与学习相关的物品逐步增加，包括学习教辅类书籍、课外书籍、文具等。

养成良好的收纳习惯，不仅可以改善孩子的成长环境，同时也让孩子在学习的过程中更加关注学习本身。而儿童房的规划与设计，需围绕孩子的物品和需求来考虑，也就是功能区域的划分和儿童房的软装布置。

儿童房已经不单单是孩子休息、起居的场所，还涵盖了衣物、玩具等收纳与学习的功能。我们需要清楚地知道，儿童房更应该是孩子成长过程中的一个记录空间。这个空间将不断记录着孩子的成长和心情，不同成长阶段的喜好，甚至是小小的秘密。父母在这个过程中最需要做的是观察和守护。

图1-11　6~12岁的孩子，逐步学会独立自主

1.3.1 尊重孩子的感受，让孩子更愿意配合

亲子整理中学会尊重孩子的感受，给予孩子足够的爱和信任，是亲子情感交流的基础，同时也是培养孩子整理能力的基础（如图1-12所示）。

图1-12　找到孩子不爱整理的原因

"我家孩子不爱整理，教了就是学不会。""我家孩子不会整理，总是把家里搞得乱七八糟。""每次都磨磨蹭蹭，改也改不了。"每次课堂上都会有父母反馈孩子在家整理的情况，我们发现大部分父母会选择批评责骂或者唠叨监督，甚至是威胁和惩罚，希望以这些方式改正孩子的行为。但你会发现，这些方法根本无法奏效，或者只有短期的成效，过一阵子又恢复原状。渐渐地，孩子的态度就是"我才不管呢，爱怎么样就

怎么样，就是不收拾整理"，而父母的态度开始演变为"你要是再不收拾，就把你的玩具丢掉！下次再也不给你买了。不收拾好就不要给我出去玩。"一系列的操作让亲子关系越来越糟。

不要轻易给孩子贴上"不爱整理""不会整理"的标签。父母如何看待孩子，如何说以及怎么做，都会影响到孩子的行为。

当孩子听到父母对自己的行为满是抱怨甚至斥责时，会无形中产生自我暗示，觉得自己就是一个邋遢、不爱整理，也整理不好的人。

孩子的行为和感受有着直接的关联，孩子越来越自信，行为才能越来越好。

以下是我和我女儿小壹在亲子整理过程中的互动场景。

面对满地的玩具，小壹完全不想整理。

我："小壹，妈妈知道你不喜欢做整理。"

（不带任何评判地陈述状况，换位思考。）

小壹略显担忧地看了看我说："对啊，妈妈，我觉得整理太难了。"

我："没关系，你可以不喜欢整理，妈妈有时候也会觉得整理很累。"

（消除孩子的担忧，站在孩子的视角，同时让孩子知道妈妈也会有不想做的时候，让孩子明白不想、不喜欢、不爱是一种常态，是可以被理解的。）

我："哎呀，小猪佩奇的爸爸找不到了，你可以帮我找找吗？"

（善于发现孩子的擅长点、兴趣点，让孩子从她熟悉的物品开始，建立信心。）

小壹："妈妈，给，小猪佩奇的爸爸在这里。"

（熟悉的物品小壹可以快速地找到，降低难度。）

我："妈妈发现你一个个从玩具里找，很快就找到小猪佩奇的爸爸了。那可以继续帮我把乔治找出来吗？"

（具体地肯定孩子的方法和努力。）

在这个过程中，偶尔也会出现孩子确定不了或者决定不了的事情。小壹找到了乔治和恐龙，但不确定要不要把他们俩放在一起。

我："你是不是没有办法决定要不要带上恐龙，那你想一下什么时候乔治会想要带上恐龙呢？"

（引导孩子学会自主思考，大胆让孩子探索和尝试，独立地找出解决办法。）

小壹："我知道了，乔治真的很爱恐龙，他去哪里都想带着恐龙，那我先看看乔治的床还有没有位置。"经过艰难地抉择，终于把恐龙和乔治放在了一起。

我："小壹，妈妈发现虽然你不能确定要不要带上恐龙，但你一直在想，一直在尝试，你努力的样子好棒啊，你看，你真的找到解决的方法了。"

（具体地称赞表扬孩子的努力和成长。）

陪孩子整理的过程中，我们会发现有很多沟通方法可以让孩子变得自信，从而更愿意配合我们的训练。尊重孩子，倾听他们的感受就是非常有效的方法之一（如图 1-13 所示）。

图1-13 尊重孩子的感受，一步步引导整理

图1-13 尊重孩子的感受，一步步引导整理（续）

1.3.2 鼓励孩子自立，让孩子有持续内驱力

父母与孩子一起亲子整理，需要父母给予孩子适当的期待，但不要让他们感到压力。没有负担的亲子交流是促进孩子成长的关键。

之所以父母希望孩子学会整理，是希望孩子能够自立，自己可以管理好自己的物品、学习以及过好自己的生活。那么如何帮助孩子学会自立和自我管理呢？

首先，让孩子知道自己的事情要自己做。父母无法包办孩子的人生，多让孩子以主体的身份参与自己的生活决策，放手将事情交给孩子，允许孩子在错误中成长。

很多父母认为，把孩子送来课堂学习整理方法和技巧就足够了。可意料之外的是，孩子认真学习了，回到家却没有任何行为上的改变。产生这种状况的原因在于，孩子只是学会了整理技法，但生活中还是会受到父母的催促、唠叨，从而产生厌烦心理，无所作为。最终，孩子的独立性依旧无法得到培养。

在亲子整理课堂上，每当到分类整理环节，我们经常会提出要求，让父母在旁边围观，不要干涉孩子的决定，以旁观者的角色去观察和感受孩子的整理过程。

可是，还是会发现有一部分父母，忍不住要去提醒：

"哎哎哎，不对不对！"

"不是放那里，不是这么整理的！"

"不能这么放！"

甚至有些急性子的父母，会直接上手去干预，加入孩子的整理过程中，更有甚者直接让孩子在旁边看，完全不让孩子参与。

错误是孩子学习的最好机会。学会让孩子自己来决定，把整理的权利交给孩子。

现实生活中，父母往往会习惯性地采用批评和说教的方式来教育孩子，却很少给予孩子赞美和鼓励。

沉下心来去看孩子在学习过程中合作的态度、进步的地方、出色的行为。学着用正面的语言把它描述出来，并对孩子说一句"你真棒"或者是"还需要更努力"等积极的话语，让孩子体会到被认可的快乐。

学会以孩子的优点为切入点，开启亲子沟通。用具体的描述去赞美和鼓励孩子的努力与成长，而不是笼统地表扬孩子很聪明、很棒。相信使用这样的沟通方式，孩子会产生学习整理的内驱力（如图1-14所示）。

图1-14 父母学会赞赏和鼓励孩子自己解决问题

以下是我和我女儿小壹关于买不买玩具的互动。在遇到小壹哭闹着要再买玩具，而我不希望她购买的情况下，我是这样和她沟通的：

> 我："小壹，妈妈知道你很喜欢这个玩具，很想要买这个玩具。"
>
> （用同理心去体会孩子的感受，让孩子知道自己能被理解，最好是简单直接地述说感受。"别再哭了，你都是大孩子了，羞羞脸。"避免给孩子这样的评判，给予孩

子一些时间来抒发情绪，等待孩子的情绪平复。)

　　我："你一直哭，妈妈没有办法听懂你要表达的内容。好好说，告诉妈妈你需要什么帮助？"

　　(引导孩子学会用其他方式来表达，给予孩子期待和信任。)

　　有时候，父母的心态决定了问题的沟通与解决方式。平静的状态可以让孩子感受到父母的耐心。父母通过观察孩子的状态，给予孩子适当的接纳和引导，让孩子平复情绪，说清感受。

　　亲子沟通方式不同，孩子的表现和反应也各不相同。当然，父母对孩子不同程度的期待，都是源于我们对孩子的爱，希望能够尽自己最大的努力给孩子最好的未来。

　　学会赞赏和鼓励，允许孩子自己去解决问题，在这个过程中他们也会逐渐获得成就感和持续的内驱力。

1.3.3　三大句式让你"赢得孩子"而不是"赢过孩子"

　　在日常生活中，我相信大部分父母在沟通中常常使用以下语句：快快快，赶紧回家给我写作业去！赶紧吃饭，不要再嘀嘀咕咕地说话！今天的玩具不收拾好，就不准你出去玩！

父母在陪伴孩子做亲子整理时，会经常性地感到无力、无奈，甚至想要放弃。"我家的孩子真的是顽劣得很，完全不指望了。""跟她讲了不下几百遍，就是不听，屡教不改。""我已经尝试过非常多的方法，可还是没有效果。"这些都是父母对孩子整理行为给出的反馈。这时我们要思考，如果想要进展顺利，用什么样的方式去突破？是透过暴力沟通和身份压制，强迫孩子配合，达到暂时的整洁有序，还是尝试改变沟通的方式，站在孩子的角度，用孩子希望的方式来解决他们的问题？

我也经常会反问父母，在这个世界上，谁是最了解您的孩子和您的人？答案就是父母自己。所以，对父母而言，陪伴孩子进行亲子整理首要的事就是不断地去认识孩子，有的放矢地尝试新的可能性和方法，寻找一个能够主动赢得孩子配合的方式。

很多父母在教育孩子的过程中，最容易忽略的就是，孩子本身也是一个独立的个体。在孩子的成长过程中，他们更希望获得主动权，做自己的主人，而不是被动地接受父母的命令。命令的方式或许短期有效，但一定不是最好的沟通方式（如图1-15）。

图1-15 蹲下来，用孩子的视角对话

举个例子，某天我接到出差的通知，必须马上出发去赶车，于是我拖着行李箱想拽着小壹把她送到奶奶家。可当时，她一直执着于要帮她的芭比娃娃换衣服和化妆。

结果我越是着急，她越是哭闹不愿意走。甚至我开始不自觉地不耐烦起来。"小壹你今天太不乖了，妈妈要被你气死了。"小壹的情绪也一直不佳，最终我强行抱着她进了电梯。

当看见电梯里镜子中我俩狼狈的样子时，我突然意识到，自己一直在着急，却并没有平静地和孩子沟通我为什么着急。

于是我马上蹲下来抱了抱小壹，告诉她，妈妈今天有急事要处理，现在把你先送去奶奶家，明天回家我们再继续玩芭比娃娃好不好？小壹听完点点头说好。

或许，如果这个沟通再及时一点，是不是我就可以带着小壹和她的芭比娃娃去奶奶家，告诉她现在只是换个地方，等一会儿就可以继续装扮芭比娃娃了。

在陪伴孩子成长的过程中，比命令更有效的方式是真诚的沟通。

要赢得孩子，而不是赢过孩子。这里有三个核心的沟通句式分享给大家：

表达信任：妈妈相信你可以解决。

培养能力：你愿意按照你的方式，先尝试着做吗？

感受认同：妈妈知道你不舒服、不开心、不愿意，妈妈也会有这样的时候，我们一起来想办法吧。

当父母做出了改变，孩子不可能不改变。

父母可以在不断尝试的过程中，观察孩子的成长变化，直到你真正赢得孩子的尊重和信任。在这个过程中，父母不仅可以了解孩子的性格，也可以重新认识自己。只要父母用足够多的爱与尊重来鼓励和支持孩子，孩子就会找到爱和信心。其实，赢得孩子，一点都不难。

父母在引导孩子做整理时，经常会说的一句话就是：把你的东西放回原位，把你的玩具送回家。但是，原位在哪里？玩具的家在哪里？大部分家庭的空间和物品还处在混乱状态，那就让我们邀请孩子来一次彻底的亲子整理之旅吧。

亲子整理的核心法则：让孩子把物品放回原来的位置，即从哪里拿就放回哪里去（如图1-16所示）。

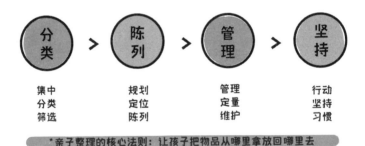

图1-16　亲子整理的核心法则

（一）分类

教会孩子分类是亲子整理的第一步。

分类是什么？分类是指按照种类、等级或性质等标准进行归类。我们可以从孩子的分类方法中，看出孩子的思维方式以及他们对人、物品、事件、空间的理解。孩子搞定了分类，亲子整理就搞定了一半。

通常，我们在带孩子进行分类之前，需要把四处散落的物品集中起来，集中后可以让孩子和父母清晰地了解物品的数量和目前的状态。这个环节我们强调的一个原则是同类物品集中，如果物品量特别大，建议在亲子整理中每次选择一部分物品集中整理，分阶段进行，这样孩子的成就感更强。

物品集中后，带孩子走进整理的关键步骤——分类，要想在整理的过程中做好分类，就需要观察并找到物品的内在逻辑。我们经常会在亲子课堂上提醒家长鼓励孩子"分类没有标准的答案，也没有绝对的分类"。孩子们可以通过自己的思考和逻辑，将物品按照品类、大小、颜色、形状、使用功能等来整理，从而训练其逻辑思维管理能力。

作为亲子整理的第一步，同时也是孩子思考能力呈现的第一步，父母需要给孩子更多的时间和支持。如果孩子比较小，父母可以让孩子进行从易到难、从大分类到小分类的过渡学习。

分类能力，是大脑认知世界的关键能力。我们经常会遇到多子女的家庭，比如，开开和心心是两兄妹，在整理哥哥和妹妹的玩具时，大家会习惯性地按照物品归属人来分类，于是先将哥哥和妹妹的玩具分开，然后再进行大类别的划分，之后再继续区分小的物品类别。这应该是大多数人经常使用的分类方法。我们整理开开和心心的玩具时，也是按照同样的分类方法来进行的。在这个过程中，哥哥全程参与，也让我对孩子的玩具分类有了新的认知。

哥哥把我们已列好的分类重新调整为：哥哥自己玩的玩具、妹妹自己玩的玩具、哥哥和妹妹一起玩的玩具、妹妹和妈妈一起玩的玩具、哥哥妹妹和妈妈一起玩的玩具、哥哥和朋友一起玩的玩具。从哥哥整理的玩具类别，我们可以明显看出哥哥分类考虑的是人与人之间的关系。而这个分类逻辑中，值得关注的有两个类别，分别为哥哥和妹妹一起玩的玩具、哥哥和朋友分享的玩具。大家可以思考一下，哥哥为什么会分出和妹妹一起玩的玩具这样一个类别。大概率这个类别的玩具是妹妹的，而哥哥在成长的过程中是没有使用或者玩过的，所以希望能够跟妹妹分享。又或者是因为妹妹会更多地拿取哥哥的玩具来玩，所以哥哥专门把适合妹妹玩的类别整理出来。

而哥哥和朋友分享的玩具经过大量调查发现，很多家庭都会面临的一种状况是家里来了客人，孩子会把玩具分享给客人家的小朋友，也可能有想把玩具带走的情况。孩子不愿意给，家长会强力说服孩子赠送，这个过程给孩子的体验感是非常糟糕的。此时，孩子开始出现一些想法和应对的措施。

从哥哥的这个分类逻辑，我们可以很清楚地知道，每个孩子都会有自己的考量，孩子懂得怎么样去给自己的物品分类。这个过程也是孩子的价值观和世界观逐渐形成的过程。在这个纷繁复杂的时代，能够更好地对物品、空间、时间、人物进行分类，可以说是一项必不可少的能力。

孩子的分类能力是建立在对物品的使用和对生活的洞察基础上的，父母可以和孩子多玩"分类游戏"，比如在孩子的日常生活中，观察不同的树叶、花朵、动物之间有什么区别，探索使用有哪些方法可以将它们进行分类。

分类游戏能培养孩子多角度思考问题的能力，同时也能提升孩子的观察能力，这两个能力有所提高，其他能力也会跟着上一个台阶。

孩子的想象力是无限的，父母在陪伴孩子做整理时，对于孩子的分类结果不需要过多干涉，也不需要给予太多点评。父母需要做的是体会孩子的感受，从分类的过程或结果了解他们的分类逻辑和思维，并引导孩子主动思考他们为什么要这么分类，这才是我们陪伴孩子整理最大的意义。结果不是最重要的，过程和感受才是。父母只要告诉孩子，不同的人有不同的逻辑，分类的结果也是不一样的，不要因为与别人不同而产生质疑。

喜欢秩序是每个孩子的本能。如果你仔细观察孩子的日常生活，你会发现孩子其实从一出生就在不断地探索，寻找规律。孩子在成长中，父母构建的生活作息越有条理，孩子对环境的适应能力会越强。所以，孩子在游戏中去寻找物品的分类秩序感是一项本能。

　　父母和孩子一起整理会面临筛选环节，这对孩子来说是一个难以处理的环节。一般情况下，孩子的玩具、学习用品、资料等可以非常清晰地分出类别，但也会遇到一些无法归类的物品，对于这些物品最终属于什么类别，主要由物品的主人，也就是孩子自己来决定。

　　除了无法分类的物品由物品主人来确定归属外，还会面临另外一种情况就是筛选过程中父母与孩子的冲突。

　　父母在筛选物品时，主要是引导孩子看到物品和空间的现状。比如东西太多、储物空间放不下、玩具大多都没有玩过、收纳箱已经满了等。同时，还需要去引导孩子思考家里接下来会面对的状况，如家里的空间不够放、物品维护等问题。这些都是父母需要和孩子做的沟通。

　　父母可以通过询问的方式来引导孩子说出答案，同时也需要通过沟通，明确孩子的需求和想法。很多时候，孩子自己说出来答案，效果会更好，也会坚持得更久。

　　如果在筛选的时候，你只是简单地询问孩子，这个玩具是否要保留，那个玩具还要不要，孩子的回答永远都是"要"，即使这些物品是父母觉得可以丢掉的，孩子也会强势地要留住。这个过程也是父母和孩子博弈的过程，考验的是亲子之间的沟通能力。

　　筛选孩子的物品有几个标准可以参考：孩子需要的、孩子不需要但想保留的、明确不再需要的，以及一些还未明确归属待处理的（如图 1-17 所示）。而孩子不需要保留的物品如何处理，也是我们可以引导孩子一起来做的。可能会有很大一部分物品是孩子不需要的，但是在处理时，孩子还是会舍不得。所以处理这部分物品，除了直接扔掉以外，可以和孩子一起来探讨其他处理方法。

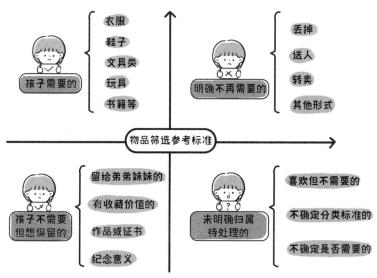

图1-17 筛选孩子物品的几个标准

我建议这部分物品可以选择二手平台进行再流通，并在处理之后和孩子商量收益的用途，从而培养孩子的财商。或者采用以物换物的方式，对彼此有需求的物品进行再选择，这样也能培养孩子的环保节能意识。这种方式适合在跳蚤市场中使用。大家还可以参考其他游戏方式，包括公益分享以及捐赠他人，这些都是分类筛选环节中非常好的亲子整理方式。以上

操作能让所有再流通的物品发挥更大的价值，也能培养孩子惜物和乐于分享的美好品德。

除了确定不保留物品外，对于筛选不出来的物品，最终是舍还是留，更多地取决于父母和孩子之间的沟通。最终留下来的物品要怎么归置，是放回孩子的玩具区域，还是专门安置一个区域，会让父母和孩子纠结。这里建议每一个家庭都可以考虑安置一个"黑白任意箱"，将家里的某一个柜子、抽屉、箱子或者盒子、袋子，用来放置这些无法分类，或者暂时筛选不出来的物品。父母和孩子可以在这个过程中进行两个亲子活动。

（1）一起给黑白任意箱取一个名字。可以是回收站，可以是资源回收与再利用研究中心，也可以是家人之间才懂的名字。

（2）一起制定一个黑白任意箱的管理规则。为放进这个箱子里的物品设定一个管理期限，在这个规定期限内，箱子里的物品由孩子确定是否使用。而过了这个期限之后，孩子如果没有把玩具从这个箱子里拿出来再使用，则由父母决定后续的处理事宜。

父母陪伴孩子筛选物品要清晰地了解孩子的喜好，并不断强化孩子自主选择物品的行为，以此锻炼孩子的管理能力。

同时，在孩子筛选遇到困难时，父母也可以为孩子以后的抉择提供参考依据。

（二）陈列

教孩子陈列是亲子整理的第二步。

每个孩子的物品该如何摆放，即如何陈列。这里教大家三个基本的陈列原则。

（1）动线方便原则：走进很多家庭会发现，孩子的物品收纳与使用动线完全不合理。父母在亲子整理过程中要教会孩子把常用的物品放在动线方便的位置。这样陈列，不仅方便孩子取用，也能在用完之后，马上放回原处。只有满足孩子的使用动线，即满足"从哪里拿放回哪里去"的核心法则，物品归位才更容易实现。

（2）藏八露二原则：教会孩子将80%的杂物藏起来放在柜子里，留下20%的展示空间摆放心爱的物品，比如艺术作品、心爱的玩具、最常用的学习用具等。一个好的收纳空间，不在于为孩子准备很多的柜子，而在于教会孩子如何去做分类和选择。哪些藏、哪些露，在二八原则的应用中，孩子对时间、事项的计划和安排逐渐得心应手，思考和逻辑能力也会不断得到锻炼。

（3）收纳统一原则：孩子的物品收纳，越简单越好，收纳用品的选择也需尽量统一。想要收纳整齐好看，外观统一非常重要，要选择统一款式和规格的收纳工具进行收纳。收纳的重点不在于使用多少收纳工具，而在于养成收纳的思维和习惯，再用合适的收纳工具来辅助。

孩子的玩具是家庭收纳的痛点之一。家长可以赋予孩子物品仪式感，让孩子学习陈列。孩子在玩玩具的时候，也会感觉更有意义。否则，所有玩具都在储物箱里躺着，孩子失去玩乐的兴趣，自然就不珍惜了。

家人一起决定物品的固定位置，这是学习陈列的关键一环。父母可以通过陪孩子做游戏的方式，让孩子了解更多的物品位置，如果大家对于公共物品的使用习惯不同，为了更好地改善物品复位效果，那些没有固定位置的物品，父母和孩子最好一起来决定摆放位置。比如随手放在沙发上的外套、袜子，这些需要放回衣柜或衣帽间里；脏衣服则需要立刻收回洗衣间；堆放在飘窗的书籍，放在书架上；散落在茶几上的画笔，放回画具桌上。

孩子物品的收纳空间和使用空间位置，就是父母可以和孩子一起来决定的固定位置，形成整理之环（如图 1-18 所示），达成实现亲子整理的核心法则的目标，让孩子把物品放回原来的位置，即从哪里拿就放回哪里去。

很多时候，父母会习惯性地站着去俯视孩子的空间，检阅孩子的物品。但事实上，如果你蹲下来重新审视他们的空间，就会明白大人的视线对于孩子来说太高了。

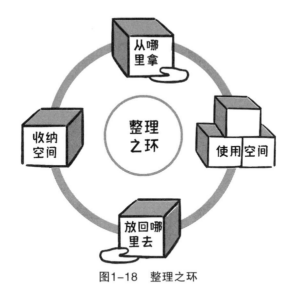

图1-18　整理之环

　　儿童房物品收纳要从使用者视角出发，对于孩子的物品，父母需要去关注的是区别大人与孩子的使用视角，学会蹲下来整理。

（三）管理

　　教孩子管理是亲子整理的第三步。

　　如何让孩子学会管理呢？标签是亲子整理的灵魂，很多擅长整理收纳的家庭都会购买标签机，利用标签培养孩子的管理能力是一种有效的方式。"妈妈，我的××在哪儿？"是不是孩子每天早上都会这样叫你帮他找这个、找那个，让你觉得很烦躁？某件东西说了无数遍应该放在什么地方，可结果还是被乱放，每次都要提醒，提醒多了还会被嫌烦。与其经常回答"妈妈，我的彩色水笔呢""妈妈，我的橡皮呢"这些问题，不如培养孩子的独立性，让孩子学会自己整理书包，这才是解决问题的根本。

在笔袋和小尺子上，贴上物品标签，告诉孩子用完后分类收整齐，下次用的时候很快就能找到。特别是在学校的时候，很多孩子喜欢跟同学用一模一样的文具，但有时会分不清哪个是自己的。如果贴上标签，一下就可以跟同学的区分开，文具不会用错也不容易丢。

标签的打印环节，可以邀请孩子参与，大一点的孩子可以完全交给他们自己搞定。因为需要自己编辑标签内容，所以爸爸妈妈们也别"一手包办"，与孩子共同上一堂生动的家庭手工课，同孩子一起发挥想象力，让管理物品变得简单。

和孩子共享收纳的位置，也是培养管理能力的好方法。这里我想分享一个案例。委托我们整理的是家里的女主人，她的诉求是整理好这套租住的学区房。

在开始整理的时候，由于哥哥拒绝妈妈进入房间有很长一段时间了，所以女主人特意嘱咐我们初三哥哥的房间不需要整理。妈妈是家里的整理主力，也是热爱整理收纳的一员，在日常生活中经常进入哥哥的房间帮忙整理。可是这就会出现一种状况，那就是妈妈整理了一部分之后因为其他事情被打断，然后把整理了一半的物品放到一边，或者每一次妈妈整理完，没有及时跟哥哥交接，导致哥哥经常找不到自己的书籍或者材料。对于初三的哥哥来说，资料繁杂且多，同时又需要经常用到。杂乱无序的环境，很多时候会严重影响哥哥的学习效率。久而久之，孩子不让妈妈再进入他的房间帮他整理。

对此，我们完成家里其他区域的整理工作后，跟初三哥哥进行了一次深入的沟通，详细了解其他区域整理带给他的变化，以及他对自己房间物品的使用需求、动线，之后他同意我们进入他的房间帮他整理。整理完以后，有一个很重要的环节是和哥哥进行完整的空间及物品交接，并教他如何管理维护。在交接的过程中，哥哥还专门邀请了同楼层的同学来参观房间，把管理维护方法传授给同学。哥哥的这个举动，给了我们莫大的支持和认可。

其实不仅仅是孩子的房间，家里所有物品的收纳位置都是需要及时和家人共享的。这也是很多家庭容易忽视的一点。

学习管理，还要用空间控制物品的数量，用固定的数量来管理物品的使用频率。买玩具是每个孩子都很喜欢的事情，在要不要给孩子买玩具这件事上，绝大多数父母是愿意给孩子买的。但是如何更好地控制孩子的购买欲呢？那就需要家长首先培养孩子的"惜物"意识，帮助孩子控制自己的欲望。只有孩子懂得珍惜物品，长大后才能珍惜生活，才会懂得感恩。

其次，帮助孩子利用收纳空间控制玩具的数量，让孩子懂得接纳和拒绝。

（四）坚持

教孩子坚持是亲子整理的第四步。

很多父母经常会困惑，为什么我家的孩子总是叫不动，根本就没有办法很好地进行引导。事实上，很多时候会出现这个问题，是父母在一开始就用错了方法。

误区 1：父母强势命令，不一定能够持续起作用

父母总是在亲子整理中占据主导地位，会让孩子变成附属品或者会习惯性地无视父母的指令。父母不关注孩子的感受和需求，那么就不能一味地要求孩子配合和支持。

强势的沟通方式最常见的就是：你必须听我的！这个方法在现在的孩子身上根本就行不通。

误区 2：父母忽视、敷衍，无法与孩子建立连接和合作

孩子被动地听，却很难有机会诉说，这也是亲子整理中经常会遇到的。父母完全忽略孩子的需求，不去倾听，这样很难和孩子建立连接和合作。父母和孩子的沟通和合作，是需要双向奔赴的，很多时候孩子想表达需

求，父母经常会因为手上的一些事情忽略或者消极回应孩子。"嗯、好、稍等"都是父母经常会回应的词语，而这些词语根本没有办法达到有效的沟通，孩子的感受就会更加不好。

想要和孩子建立亲密关系，父母除了要避免错误的沟通相处方式之外，还要学会一些相处方法和沟通法则，具体如下：

1）尊重孩子的感受，让孩子信任父母

跟孩子建立亲密关系，需要充分尊重他们。尊重他们的个体差异、感受和行为，能够打破父母和孩子之间的僵局，有效地提高孩子对父母的信任。

2）在适当的时候给予孩子建议

父母要在适当的时候给予孩子建议，有时候父母的建议是可以提升孩子认知、帮助他们成长的。因此，给孩子表达的机会，学会倾听。不要总是"嗯、啊"，这样会显得一点儿都不真诚，父母一定要和孩子有互动。可以说"真的吗？你讲得太好了，妈妈很想知道"等，从而让孩子大胆地表达，也让彼此更加了解对方。

3）让孩子有选择的机会和权利

父母与孩子相处的时候，为他们提供可以选择的机会和

权利。不要什么事情都只是按照父母的想法去说、去做。

想要孩子有改变，可以适当给孩子一些建议，以供孩子选择。你会发现孩子有自己的思考，也会更聪明。

把整理的钥匙交给孩子，让孩子做决定，他会更坚持！我们在很多亲子整理的个案中发现，委托人更多是孩子的妈妈，她们希望我们传授家长如何协助孩子整理自己的房间。而在每一次陪伴式服务之前，我们也会做一些沟通和了解。这些委托家庭的妈妈大部分对于亲子整理万分头疼，也会有一些抱怨："我家孩子不喜欢整理。""我家孩子不会整理，经常把自己的房间搞得乱七八糟的！""每天回家家里的玩具满地都是，桌子上、餐桌上、沙发上，甚至飘窗上、阳台上，连落脚的地方都没有。"

我们遇到的委托家庭，上述情况比比皆是。因此我们走进客户家，陪伴孩子做整理，有一个非常重要的环节，那就是与孩子沟通，去了解孩子的真实需求和想法。特别是当我们探讨"理想的房间是什么样子的？现在的房间是不是心目中的样子？"这些问题时，有很多孩子会告诉我们："我觉得房间太乱了，可是我真的不知道该怎么整理。每次妈妈叫我整理，我都无从下手。"也会有很多孩子告诉我们："我觉得挺好的，乱中有序，其实我都可以找得到我想要的东西，但妈妈总是瞎操心，各种唠叨。"而面对"你理想中的房间是什么样"这个问题的时候，孩子却开始迷茫了，有一部分孩子会说："我也不知道，我从来没有想过这个问题，我的房间都是爸爸妈妈决定的，我又决定不了。"但是，我们也会听到不一样的回答，例如孩子会希望在自己房间的门上安装门铃，父母或者其他家人在进房间前能够敲门，或者孩子希望在房间里有一个独有的秘密基地，不被任何人打扰。在与孩子的沟通中，他们的心也慢慢地被打开了。

当我们邀请孩子一起将房间打造成梦想的样子时，大部分的孩子会开心地接受我们的邀请，同时会变得格外积极，期待我们可以带给他们一些不一样的变化。当然也有一小部分孩子面对我们的邀请会迟疑，没有那么快速地融入进来，小朋友的妈妈在旁边不断地催促："快点快点，你看，今天还有专业的老师教你，你还不赶紧学！"类似这样的沟通，如果是你，你或许也会皱眉。所以，我们会在沟通的过程中，尽量避免让家长参与。在后来的接触中你会发现，那些迟迟没有整理行动的孩子，或许他们一直在观察，努力寻找一个合适的时机加入。这个时候，我们需要做的是等待。

每个孩子都有与生俱来的天赋，父母要学会放手，让孩子独立成长。父母鼓励和陪伴孩子去探索和发现并找到自己的兴趣，这才是我们培养孩子养成坚持习惯的关键所在！

父母陪伴孩子整理要让孩子做选择，他会更愿意坚持。

亲子整理是一场旷日持久的挑战，回报给家长的是和孩子成为一生的朋友。曾经看过一篇报道，里面写到一个观点：

作为父母的最高境界，是和孩子成为朋友。这也是很多父母最深切的期待。当父母和孩子打成一片成为朋友时，你会发现，孩子和父母之间是平等的，孩子对家长是信赖的，孩子是愿意和父母说掏心窝的话的，是愿意和父母分享秘密的。

这个时候双方会更加理解，并且更愿意沟通，父母和孩子学会站在彼此的角度来考虑问题、想事情。电视剧《少年派》里的爸爸就是一个典型代表，他总能轻松自如地和孩子沟通、谈心。通过沟通，也让孩子对家庭、对父母、对社会现象有了更多正面的理解和思考，让孩子在成长中感受公平和尊重。

理想是丰满的，现实却是骨感的。和孩子成为朋友，是很多父母的梦想。那么具体应该如何做？

先处理情绪，再处理问题。带着情绪，只会把很多问题放大再放大。亲子整理的过程中，大部分的问题是情绪问题。比如孩子早上上学出门前的问题，从起床、刷牙到吃早餐、准备出门物品，在很着急的情况下，身边除了孩子以外的其他人都有可能是"战火"。很多时候，父母的受不了，其实是强迫症、急性子作祟。

亲子整理中会遇到的挑战不胜枚举。每当遇到问题，感受糟糕的时候，正是父母自我成长的最好时机。问问自己为什么会有这种感觉，为什么会有这些情绪变化，问问自己如果孩子不做这件事情的后果是什么。情绪通了，很多问题也就自然不再是问题！

尊重孩子，用心交流。当孩子在无忧无虑地玩玩具时，作为父母，应尽量避免用你眼中重要的、紧急的正事去打断孩子。或许孩子正在构建他自己的生活空间与秩序，编织美好的故事和梦想。当孩子用他们自己的方式解决问题时，无论对与错，父母要学会尊重孩子的选择。孩子的童年就是这样，成长是不可逆的，要想和孩子成为朋友，尊重孩子，用心交流是基础。

每个孩子都是一张白纸，他们对世界充满了新鲜感和好奇感，父母学着用心和孩子交流，站在孩子的视角听一听他们的需求和想法，慢慢去引领孩子，你会发现很多时候都是父母期望孩子根据父母的要求去完成事情，如果没有完成或者效果不佳，父母的情绪就开始受到影响。所以，亲子整理的最佳的方式是和孩子达成合作关系，共同成长。

这世界上没有完美的家长，也没有完美的孩子，因此不要去奢求孩子完美！家长需要清醒的一点就是，亲子整理是一场挑战，这场持久战甚至可能伴随孩子的一生！另外，亲子整理也是生活习惯养成的一部分，培养孩子的行为习惯本身就是一个循序渐进的过程，它不可能只靠一朝一夕就能养成！经常会有家长朋友和我说："坚持好难啊！但是放弃又太容易了。"是的，放弃和坚持，有时候就在一念之间。家长与孩子做亲子整理，需要学会的第一课就是坚持，坚持下去总会找到适合孩子的方法。

　　从小开始培养整理习惯是孩子成长过程中珍贵的财富，坚持下去一定会有收获和惊喜，虽然也会有挑战、会有纠结，但一定要相信，这场挑战一定会有回报。孩子的成长需要两只翅膀，一只翅膀是家长，一只翅膀是孩子自己！对于家长而言，养育孩子是一条长远的路，从父母和孩子一起学习整理的那一刻起，就意味着孩子要开始学习自我管理的能力，为自己未来的独立生活做准备。

第 2 章

让孩子轻松爱上
亲子整理

学习整理技巧，从儿童房开始。但比起技巧来说，更重要的是父母、孩子与这个环境所建立起的需求与信任关系。

很多父母都在困惑为什么自家孩子不喜欢整理？原因有很多，不只有孩子自身的原因，也包括父母以及家庭环境的整体影响。

1. 家长对孩子过度溺爱和保护

在很多家庭中，孩子的事务都由父母代劳，或者爷爷奶奶包办。孩子甚至连拿玩具都有大人帮忙，更何况是收拾玩具。长期如此，孩子会养成一种习惯，认为这是理所当然的，甚至认为这些都是父母应该做的事情，自己并不需要去做。

2. 孩子有样学样

另一种和家长包办完全相反的情况是，父母本身就不爱收拾或者不会收拾。很多父母自己小时候没有学习整理的机会，长大后对整理也不太看重，得过且过。

孩子在这种家庭环境中成长，有样学样，不喜欢动手去收拾自己的物品。

3. 孩子觉得整理本身很枯燥

很多孩子不愿意整理，缺乏对整理的兴趣和动力，可能是觉得无聊或者浪费时间。对孩子来说，只有兴趣能让他们积极行动起来。玩具可以给孩子带来快乐，所以他们就会想要玩玩具。同样，如果整理对于孩子来说是有趣又放松的，孩子也会感兴趣。

4. 缺少引导的环境

每个人的生活都需要一定的秩序。但是对孩子来说，秩序并不是一出生就有的，而是通过父母的教育与引导慢慢建立起来的。

有些孩子在成长过程中没有接受过正确的引导，导致他们想整理也不知道该如何去做（如图 2-1 所示）。

图2-1 凌乱的家庭环境

儿童房是孩子成长轨迹中最重要的空间。孩子对空间和物品的规划、整理与收纳的能力是随着孩子成长循序渐进养成的。然而，良好的收纳意识与习惯一定离不开儿童房功能区域的合理规划。

　　儿童房除了起居功能以外，还有收纳、学习的功能。并且，这个空间也将逐步见证孩子的成长变化（如图2-2、图2-3所示）。

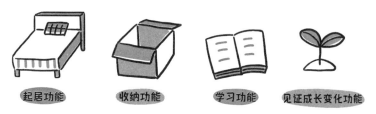

起居功能　　收纳功能　　学习功能　　见证成长变化功能

图2-2　儿童房四大功能区域规划

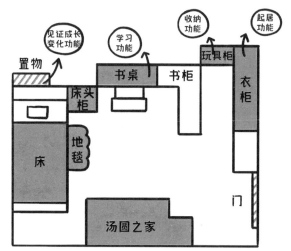

图2-3　儿童房四大功能区域分布（来自亲子课堂学员绘制）

儿童房的基础功能之一是起居，需要满足孩子的睡眠需求和衣物收纳需求。

儿童衣橱设计考量的是方便收纳与取用。所以，在设计衣柜内部的格局时，要充分考虑孩子的使用习惯和衣物分类的需求。

儿童房衣橱区域常见收纳困扰（如图2-4所示）：

图2-4　儿童房衣橱常见的收纳困扰

（1）内部格局规划不合理：功能区域中没有划分长衣区和短衣区，层板多于挂衣区，孩子的衣物无法快速拿取。

（2）整理收纳方式不合理：采用叠放方式收纳衣物，当季和换季衣物分类不清晰，衣柜复乱情况严重。

（3）收纳用品选择不合理：尺寸不合适、收纳用品颜色各异，反而会增添衣柜内部的混乱。

要避免以上收纳困扰，合理分区、科学收纳、选择合适的工具，是儿童衣橱规划中需要遵循的原则。

（一）衣柜合理分区，从此告别乱糟糟

衣柜好不好用，关键要看内部空间布局。儿童衣柜要做到合理分区，具体可以分为储物区、挂衣区、层板区、抽屉区（如图2-5所示）。

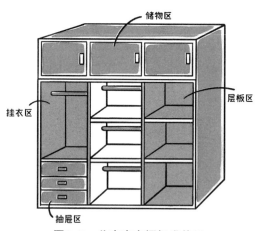

图2-5　儿童房衣橱标准格局

储物区：储物区通常位于衣柜顶部，使用频率最低，可以

用来存放换季衣服、被褥等暂时用不上又不能丢弃的物品，也包括一些儿童成长纪念品等。

挂衣区：挂衣区可再细分为长衣区和短衣区，特别是女孩的衣柜。男孩的衣柜如果没有长款衣服，可以减少长衣区；同时，0~6岁孩子的短衣区可以选择增加一根衣杆，后续随着孩子的身高来调节，这样就能增加挂衣区的容量。

层板区：除了挂衣区，孩子的衣柜也需要预留一些层板区，并且要做可活动的层板，这样后期可以根据物品的大小拆卸，调整高度。

抽屉区：抽屉区建议设计在衣柜下方，这样拿取东西比较方便。同时女孩的衣柜抽屉数量应比男孩的多。

具体每个功能区域的多少要依据使用者的物品、使用习惯与喜好，以及衣柜可设置面积等来决定。

（二）选择科学收纳方法，不占地方又整洁

衣柜收纳优先考虑孩子拿取物品是否方便，这是收纳的基本原则（如图2-6所示）。

挂：当季的衣服尽可能悬挂，减少叠放，方便拿取和查找。

叠：小件的袜子、内裤选择折叠，直立收纳放入抽屉，拿取不易乱。

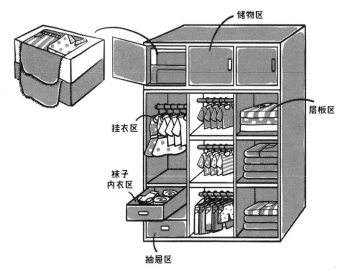

图2-6　选择科学收纳方法，不占地方又整洁

收：换季或者不常穿的衣服可以折叠收纳放入百纳箱，存放在储物区。

合理利用衣柜陈列区的黄金区域，这也是收纳中的一条重要原则。在孩子方便取用的区域，陈列挂放孩子最常穿的衣服，比如校服或者内搭的衣服。

（三）使用合适工具，陈列美观又实用

衣柜区域除了衣物外，女孩的衣橱还应规划配饰区，用来收纳包包、帽子及女孩子的发饰等。这些配饰都可以采用悬挂的方式进行收纳（如图2-7所示）。

图2-7 选择合适工具，陈列美观又实用

常见的收纳法分以下两种：

伸缩杆收纳法：配合不同的空间、大小来进行各种组合，收纳轻便的配饰，随时拆卸灵活便利。

S 形挂钩收纳法：立面收纳方法中，使用 S 形挂钩，既方便使用，又不占空间，还能保持整洁美观。

出门时可以一目了然地找到想要的包包、帽子，轻松摘下即可佩戴，方便又快捷。

2.2 两个原则，让玩具变得井井有条

儿童房最多的物品是玩具。儿童玩具区域的空间规划需要考虑的是满足孩子收纳的需求，便于玩具归位。所以，规划设计玩具区要充分考量孩子拿取和归位的便利性。

常见的儿童玩具区域收纳困扰：

（1）没有为玩具规划区域，孩子将玩具随手扔在客厅、房间、飘窗等位置。

（2）玩具多且散，没有合理的分类，只能一股脑儿全部塞进收纳筐里。

（3）玩具柜较高，陈列区域的物品不方便孩子拿取，导致孩子想玩玩具时还需要大人协助。

（4）收纳用品五颜六色且没有进行可视化管理，孩子看不到里面的玩具，导致找不到也不好归位。

（5）玩具区混杂着大人的物品，如杯子、烛台、雨伞等。

在儿童玩具区域的空间规划中，需要遵循以下原则：

（1）收纳原则：将玩具集中在同一空间收纳

（2）陈列原则：陈列赋予孩子玩具仪式感

选择玩具柜的时候，尽量保证柜体的高度与孩子的身高相匹配。如果选择定制柜，收纳时要试着蹲下来，用孩子的视角来审视玩具拿取的方便程度（如图 2-8 所示）。

图2-8 玩具收纳和陈列的整理原则

2.3 三个区域，让孩子享受专注学习的快乐

除了基本的起居和收纳功能外，为孩子提供一个独立自主的学习区域也是儿童房设计中至关重要的一环（如图 2-9 所示）。

图2-9　学习区域的布置

孩子良好习惯养成阶段，需要父母的陪伴和参与，这个时期是学习整理收纳的关键时期。因此在规划学习功能区域时，要记得预留父母的参与空间，方便父母和孩子更好地沟通与交流。

常见的学习区域收纳困扰：

（1）孩子没有专属的玩具区和学习区，书本和玩具堆放在一起，物品分类混乱。

（2）奖杯、证书、作品等象征荣誉和纪念的物品，没有得到适当的陈列。

（3）一个孩子学习时，总被另一个孩子影响。怎么设计才

能兼顾两个或多个孩子的使用？

规划学习区域需要遵循如下原则：

（1）合理规划多子女家庭的空间区域。

现在很多家庭有二孩或三孩，这时候父母又会因为家中子女数量多产生新的烦恼，那就是如何平衡多个孩子的关系。当其中一个孩子进入一年级时，这个烦恼又会升级，如何在一个孩子学习时不受其他孩子的影响，让父母尤其头疼。

一年级老大和幼儿园老二：老大进入一年级之后，孩子的生活会从自由玩乐逐步过渡到学习中去。这个阶段的规划建议为区分老大的学习区域和老二的玩耍区域。

学习区域：老大的学习区域建议离老二的玩耍区域远一点，做到互不干扰。

玩耍区域：安排好老大和老二共同的玩耍时间，在老大学习结束后，两人一起玩乐，加深彼此的关系。

高年级老大和一年级老二：老大进入高年级，而老二刚进入小学一年级，这时父母会面临老大青春期以及老二适应新环境和新身份的问题。

帮扶规划：可以将他们的学习区域布置在一起，采用老大帮扶老二的方式。这样老二可以看到老大学习的样子，如果老大的学习习惯良好，那么对老二就会有正向的作用，完成转变过渡。这样的规划方式，能让两个孩子相互促进，共同成长。

　　独立空间：如果高年级老大的学习压力比较大，建议老大和老二的学习空间还是做好区分。这个阶段的老大对于独立空间的需求比较高，需要给老大独立思考和学习的区域。同时老二的学习习惯需要大人的陪伴才能养成，那么各自拥有独立的空间就能实现互不干扰。

　　（2）不要为了让孩子集中精力学习而设置孤立的儿童房。

　　许多父母为了孩子能够更加集中精力地学习，在打造学习功能区域的时候，会忽略儿童房和父母之间的关系，这样的规划有可能会适得其反。

　　学习区域规划需要考虑其他家庭成员的生活动线，尽量做到彼此之间不冲突，但这不代表需要设计完全孤立的儿童房。据数据统计，成绩优异的孩子，其学习区域并不一定是固定的，而是可以不受空间限制自由学习。比如有的孩子会选择和父母在客厅、餐厅等公共空间进行交流和学习。如果孩子想要在客厅或者餐桌上做作业、画画，父母不要强迫孩子回到他们自己的房间，让孩子自由选择学习的区域。这样可以提高孩子的自主和创新能力。

2.3.1 有秩序的书桌，还孩子安心学习空间

整理力就是学习力

提高孩子的学习效率，整洁有序的学习环境是前提

书桌是孩子学习的缩影，也是孩子学习生活的中心。当孩子开始进入学龄期，书桌逐渐成为儿童房里非常重要的一部分。这也意味着，孩子需要更多的空间来收纳与学习相关的物品。

这时候很多父母经常会遇到以下这些问题（如图 2-10 所示）：

图2-10 孩子在杂乱的桌面学习，专注力和效率会降低

（1）文具数量庞大，孩子整理无从下手。

（2）文具种类繁多且细碎，分类不清晰，混杂在一起。

（3）纸质资料多且杂，没有分类归档，查找麻烦。

（4）书桌桌面堆满书籍和文具资料，孩子的学习空间少得可怜。

只有教会孩子如何规划、分类、筛选、收纳、管理，他们的学习空间才能更有效地被利用。

（一）空间规划

当孩子进入幼儿园和小学的过渡期，父母就应该为孩子准备书桌，提前规划好桌面空间的布局，并和孩子约定定期整理书桌。打造整洁有序的桌面，让孩子做作业又快又好。

学习功能区域包括学习桌和书柜。选择合适的书桌，需要考虑这两个因素：足够大的桌面空间和相对灵活的收纳功能。确保桌面整洁，有利于提升孩子的专注力。

另外，添置书柜作为书桌的辅助收纳。孩子也需要有专门的区域来放置笔记本、纸质资料以及各种各样的文具。其中，抽屉内的文具收纳是重中之重，如果设计的书柜没有抽屉功能，可以选择收纳箱或者收纳篮来代替。

（二）分类筛选

1. 文具类

文具可以分为笔类、橡皮类、贴纸类、尺子类等。文具整理的关键在于筛选(如图 2-11 所示)。只保留学习中常用的文具，将写不出字的笔、断了的橡皮擦、干的胶棒等筛选出来，进行回收处理。

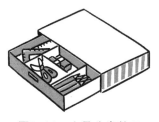

图2-11　文具分类整理

2. 纸张类

纸张类材料包括作业本、试卷、课堂资料、学校的通知单等。

资料的整理主要在于归档(如图 2-12 所示)。将资料按照已使用和未完成的标准进行分类归档，并使用文件收纳盒和带标识的标签加以辅助。

图2-12　纸张类分类整理

3. 书架区

书架区摆放的主要是学科书籍和课外阅读书籍。

在整理书架时，可以按照经常看、必须看、不常看和已看完的类别进行划分（如图2-13所示）。

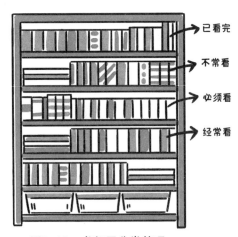

图2-13　书架区分类整理

4. 囤货类

最重要也最容易被忽视的类别就是囤货类，像新的笔记本、未拆封的其他文具都可以筛选出来放入单独的抽屉中，当作专门的囤货区。

（三）收纳陈列

（1）留白原则：学习桌在摆放物品时尽量留白，只摆放必要和常用的学习用品，预留出足够的桌面空间供孩子学习使用，这样有利于提高孩子的学习专注力（如图2-14所示）。

图2-14 学习桌陈列整理

（2）黄金位置摆放原则：按照使用频率分类，把经常看的书摆放在与视线平齐的高度，方便随时取用与归位。

（3）固定位置取用原则：学习结束后，及时把教材、练习册、课外书等放回固定位置，尽量让书桌回归干净整齐的状态。

那么，孩子的书桌需要多久整理一次？

根据过往经验，我们建议孩子每天随手一复位，每周定期一收拾。只要父母做好孩子桌面学习区域的规划，孩子每天只需要5~6分钟就可以独立搞定书桌整理。

2.3.2 有条理的书包，让孩子不再丢三落四

培养孩子学习的条理性，需要了解孩子每天的学习计划。

这时可以训练孩子整理书包。建议书包整理训练从幼儿园与小学的衔接关键期开始。

很多父母经常会遇到这些问题：

（1）孩子到了学校发现文具盒忘记带，父母又着急地往学校送。

（2）孩子回到家发现书本落在了教室。

（3）打开孩子的书包，发现里面的试卷揉成了一团，找东西也需要一股脑儿地往外倒。

出现类似的情况怎么办呢？

解决这类问题的根本在于孩子是否可以掌握自己整理书包的方法，尤其是对于刚进入小学的孩子来说。如何培养孩子自己整理书包的习惯，有以下三个关键的步骤：

第一步，分类筛选。需要将书包里大大小小的东西都倒出来，把书包清空，也包括隔层。接着把书包里的物品分为三大类：

学习资料，含所有的教科书、试卷和笔记本；

文具用品，例如铅笔、橡皮、尺子等；

生活用品，如围巾、手套、口罩、雨伞、水杯等。

然后，对照课表列出第二天上课需要用到的书本和物品清单。正常情况下，除了以上三类物品之外，其余物品都不应该携带，比如，零食、玩具、杂物垃圾等。这里要再次强调，第一步中最重要的一点，就是把书包中不需要的东西全部筛选出来。

第二步，整理收纳。要对第一步分类筛选好的东西进行收纳定位。把已经分好类的物品放进合适的收纳袋，再将收纳好的物品放进书包，固定好位置。

学习资料：将教材、笔记本、试卷按照不同的科目进行分类放置。建议使用不同颜色的文件夹或文件袋，每种颜色对应一个学科，比如红色代表语文、绿色代表英语、蓝色代表数学等，再贴上标签，方便辨认与查找。

文具用品：固定好数量再放进文件盒或者笔袋里，避免带得过多。

生活用品：推荐用密封袋分装不同的类别，比如水杯、纸巾等。

另外，带领孩子认识书包的空间布局是不容忽视的一步。和孩子一起，按照书包分区做好功能规划，给分好类的物品预留出合适的位置。

书包内袋：把按科目分装好的文件袋和笔袋收进书包内袋。

书包外层：把生活用品放在书包第二层。

书包两侧：水壶、跳绳、雨伞等可以分别放置在书包两侧。

和孩子再三强调，书包内只携带必需品，养成每天早上或前一天晚上整理书包的好习惯，把需要的物品放进去，取出不再需要的物品，放在家里或者学习储物架上。

第三步，管理维护。孩子在养成每天整理书包的好习惯时，需要家长日复一日、不厌其烦地带领和监督，等到孩子行为定型后再放手。

除了以上三个步骤外，书包管理还有几个小技巧：

（1）低年级的孩子容易忘事，父母可以在书包里准备一个作业记录本，方便孩子记录需要完成的作业、家校沟通事项、签名的通知等。

（2）打印每周的课程表，让孩子在检查书包时，可以对照课程表勾选，确保物品不遗漏。

（3）标签管理：培养孩子利用标签进行标识的习惯，方便查找物品。

（4）课外课程（美术课、体育课等）的教学用品，建议单独使用手提袋分装。

整齐有序的书包，可以让孩子收纳方便、节约时间、提升效率。课堂上，当老师请孩子拿出某样东西的时候，书包整洁的孩子能立马拿出来，这会给他们带来一种从容的自信。相反，如果孩子花过多的时间在书包里翻找，慢慢就会感到烦躁，甚至出现一些厌学情绪与逆反心理。

一旦孩子可以自己整理好书包，就能体验到整理所带来的成就感，养成习惯不再是难事（如图 2-15 所示）。

图2-15 书包整理

2.3.3 有规划的阅读区，创造"书"适的童年

"大语文时代"的到来，让家长意识到阅读的重要性。越来越多的家长开始和孩子一起亲子阅读。

不过，据很多父母反馈，他们经常会遇到类似状况：

给孩子买了各种各样的书籍，但孩子不爱看；

每次让孩子看书，可孩子就是不动；

家里的书都堆在一起，想看的时候找不着，每次找都要浪费很多时间。

父母都希望孩子爱学习、爱阅读，甚至在孩子很小的时候，就花大价钱买各种各样的绘本。但现实是，把书买回家并不意味着孩子从此就能喜欢阅读。绘本收纳不当，也有可能会阻碍孩子养成良好的阅读习惯（如图 2-16 所示）。让孩子养成阅读习惯的关键是打造家庭阅读环境，而这就需要父母多加引导。

图2-16　书籍整理常见状况

那么，如何在家庭环境中打造适合儿童阅读的成长环境呢？钱伯斯提出："父母应该成为可以协助孩子阅读的大人。"在打造儿童阅读区域时，需要重点关注空间规划、分类筛选、收纳陈列这三个步骤。

（一）空间规划

"家庭图书馆"或"阅读角"是儿童阅读的必备条件。父母应规划好家里的"阅读环境"，给安静、舒适的阅读留出一片天地。让书籍在家庭里受到重视，营造浓厚的书香氛围。

1.集中收纳型，把一整面墙留给书柜

要想存放整个家庭的藏书，集中收纳型的书柜必不可少（如图2-17所示）。它可以被放置在书房，也可以被规划在全屋任意一个空余的区域。

图2-17　集中收纳型书柜

整面墙书柜：现在越来越多的家庭在装修时选择将客厅的电视墙设计成整面墙的书柜。如果你想充分利用墙面空间来放置书籍，可以考虑采用顶天立地式的书柜设计。这样不仅能增加储书空间，也能营造出浓郁的读书氛围。

阶梯式书柜：对于复式房屋结构的家庭来说，楼梯是非常实用的书籍收纳地。楼梯本身和楼梯附近的墙面，都可以设计成书柜。

飘窗式书柜：如果家里有飘窗，也可以在窗台上嵌一个能收纳书籍的柜子。飘窗光线充足，只需加一个垫子、几个靠枕，就能成为最舒适的阅读地点。

矮柜式书柜：可以考虑在客厅的沙发区域放置一排矮书架，方便取书阅读，上方还可以摆放东西、挂装饰画，兼具实用和陈列的功能。另外，矮柜可结合空间设计，灵活放置在任何区域。

高矮组合式书柜：对大部分家庭来说，高柜和矮柜相结合的组合书柜，也是不错的选择。

总之，家里的每个角落，无论是客厅、餐厅，还是卫生间，都可以用书架和置物架打造书香一隅，开辟阅读空间。

2. 陈列展示型，还孩子"乐园式"读书角

在孩子小的时候，尤其是学龄前，他们还不识字，如果把所有的书籍都按照成人的方式整齐地排列进书架，对他们来说，并不符合使用习惯。

所以，陈列展示型书柜就是非常好的补充。绘本的封面设计都非常有吸引力，可以将漂亮的封面朝外摆放，让孩子直观地看到，这样他们就能轻松找到想要的绘本。

绘本柜：可以摆放在客厅、卧室、儿童房、阳台、过道或

是沙发旁边，以便能展示出绘本的封面。

乐高墙展示柜：如果家里有闲置的乐高墙，可以和孩子一起动手改造成陈列式书架。

亚克力墙面展示柜：长走廊过道墙也推荐改为陈列式的书柜，材质上建议选用亚克力。

规划好陈列展示型书柜后，可以就近在地面上安置懒人沙发椅，或者铺上地毯，再放上靠枕，打造成"乐园式"的读书角（如图 2-18 所示）。这样不仅可以培养孩子的阅读习惯，也能让读物有一片"栖居之地"。

图2-18　陈列展示型书柜

3. 设置可灵活移动的书柜，让孩子想读就读

一个小推车再加几个收纳盒就可以完美实现书柜的承载功能并且随拉随走，让孩子随时随地都能阅读（如图 2-19 所示）。

图2-19　可灵活移动型书柜

无论是睡前在主卧阅读，还是和家人一起在客厅共读，抑或是孩子自己在活动室探索故事里的世界，一个可灵活移动的书柜都能让父母更好地陪伴孩子。同时，也能让书籍不被乱扔在家里的其他角落，确保书籍收纳整齐。

4. 规划父母的阅读区域，陪孩子一起阅读

想要营造一个良好的阅读氛围，除了规划好孩子的阅读区域外，还有一点非常重要，那就是父母也要规划好自己的阅读区域（如图 2-20 所示）。

想让孩子爱上阅读，父母是需要花些心思的。不仅需要根据孩子的能力、发展特点和需求，创造一个适宜孩子阅读的"读书角"，还要根据父母的阅读习惯与频率，规划一个相对舒适的空间，每周陪伴孩子一起阅读。

图2-20 父母阅读区域

（二）分类筛选

在整理服务的过程中，我们发现绝大多数家庭在整理书籍时，都存在以下问题：

（1）书籍只进不出，或者很少出，书籍的现存数量远远超出空间收纳的能力。

（2）书籍没有做分类，没有区分不适龄或者不会再阅读的书籍。

（3）书籍的收纳没有规律，多种类别混在一起，不易拿取。如果想看某本书，要花费大量时间查找。

如果这些问题长期未得到解决，很大程度上会影响孩子的阅读兴趣。买回来的书籍，并不是一股脑儿整齐地摆放进书架就够了。孩子在不同的成长阶段，阅读能力也不同，阅读的

书籍种类更是存在差异，所以，为了使孩子们养成良好的阅读习惯，需要对孩子的书籍进行进一步的分类与整理。

儿童书籍可根据所处的年龄段进行分类（如图 2-21 所示），参考以下方法：

婴儿期	学龄前	学龄期
绘本类	按人员分	按科目分
手工类	按类别分	按书名拼音首字母分
音乐类	按阅读情况分	按书籍类型分
巧虎类	按阅读需求分	按书籍高度或颜色分
……	……	多种方法并用
		……

图2-21　书籍分类（按所处年龄段划分）

（1）婴儿期：在这一时期，孩子的书籍主要可分为绘本类、手工类、早教类、音乐类、巧虎类等。这些书更像是孩子的小玩具。可以用小筐或者收纳盒收纳，等孩子长大可以考虑二次流通。

（2）学龄前阶段：这个阶段的孩子处于幼儿园和小学的过渡期，书籍的分类显得尤为重要。合理的书籍分类可以促使孩子养成良好的学习习惯，轻松适应学校生活。

我们还可以按照以下几个标准不断细化书籍的分类：

① 按人员分类：孩子多的家庭，优先按照人来分。将孩子自己的书与共读的书依次区分出来。

② 按类别分类：具体可按照语言、历史、地理、杂志、工具书来分类。

③ 按书籍的阅读情况分类：具体可分为已阅读的、未阅读的、适龄的与不适龄的。

④ 按照阅读的需求分类：可以根据孩子的阅读需求分类，也可按照书籍的类型进行分类与收纳，如学习类、阅读类、兴趣爱好类、专业类。

（3）学龄阶段：这个阶段的孩子正式从幼儿园进入小学，书籍的类型开始有了更大的转变：绘本书籍减少、教辅类书籍和课外读物增加。具体可参考以下方法：

教辅类书籍按照科目分类：按照学科书籍进行分类收纳，这样在进行第二天学习用书的准备时，可以快速找到所需书籍并予以归位。

课外读物按照以下方法分类：

① 按照书名拼音首字母排序：如果课外读物太多，可以考虑借鉴图书馆的收纳方式，即按照书名拼音首字母进行排序，这是最容易的一种收纳方法。当然，也可以按照作者名字来分类，把同一作者所著的书放在一起。

② 按照类型对书籍分类：按照书籍的类型进行划分，这

是很多家庭常用的方法。具体可以根据不同类型设定出历史、科学、故事、艺术等类别。

③ 按照书的高度或颜色分类：为了呈现美观，有时候可以按照图书的高度或者颜色来分类。比如，把相对矮的书籍排成一行，相对高的排成一行。也可以参考搭配美学，按色块来组合不同的书籍。

④ 多种方法相结合：很多人在分类时不会只拘泥于其中一种，会采用两种或者多种方法相结合。比如，可以先按书籍类别划分，再按书名拼音首字母进行排序。也可以先按照颜色划分出区域，再按照书籍的高低依次放到书架上。

分类筛选的关键是控制书籍的数量，定期进行筛选，及时淘汰不再需要的书籍。

如果家里到处都塞满了书，乍一看浓郁的书香氛围感十足，但在分类整理后会发现，很多书已经不再适合孩子看了。因此，除了做好分类以外，控制购买量，定期筛选，及时淘汰旧书，把位置留给当下适合的书籍，才会拥有舒适的阅读体验。

孩子筛选出来的不要的书籍，有以下几种处理方式：

① 保留：稀有或者珍藏的书籍、自己或家人非常喜欢但还没有读过的书籍、经常会查阅的书籍，以上这些属于需要保留但又不常用的书籍，可以优先考虑收纳起来。

可以用收纳箱将保留的书籍进行分类，并给所有的箱子贴上标签，比如，收藏书籍、学科类书籍、课外书籍（如图 2-22 所示）。

图2-22 书籍分类整理收纳

② 送人或者寄卖：按照原则筛选出一部分书籍，考虑送人或者卖掉。比如，有的书籍太陈旧或者已经损坏、有的已不再有意愿阅读、有的没有时间阅读，还有的书籍已经过时。

（三）陈列收纳

在做好空间规划和分类筛选之后，下一步就是常用书籍的陈列收纳。在陈列的时候，需考虑以下几个原则：

（1）上轻下重：摆放书籍应遵循上轻下重的原则。考虑到书柜的底部有地面做支撑，承受能力比较强，所以尽量将比较重的书放在下面。

（2）从高到低：先将同一类型的书籍陈列在同一层板上，再考虑按照由高到低、由厚到薄的顺序来摆放，这样可以让整体视觉显得更加和谐。

（3）由外到内：考虑到儿童书籍，特别是绘本大小不一，在陈列时，应尽量保证书籍的最外侧是整齐的，这样可以让整个书柜整齐划一，既避免了书籍在最深处不易拿取的情况，也避免了书柜空出最外面的位置，随手乱放的情况。

（4）套系顺序：儿童书籍经常为套系的形式，在陈列的时候，应尽量保证同一套系的书籍放置在一个区域，同时按照 1~n 的顺序来排列，方便孩子根据阅读进度查找（如图 2-23 所示）。

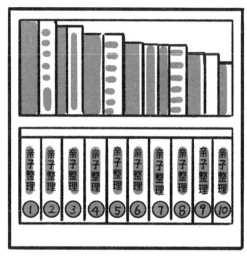

图2-23　书籍收纳陈列方法

有时候，我们还会遇到书柜收纳空间不足的情况。这时，可以选择如下工具进行整理。

（1）选用大收纳箱把书籍放置到一旁，这样既可以保证藏书的完整，又可以节省很多空间，方便后期再利用。

（2）选择透明材质的塑料收纳箱，这样可以使里面的书籍一目了然，让找书更快捷。

（3）选择适合收纳书籍的纸质收纳箱，并在外部贴好相应的标签，这样可以随时随地快速查找所需要的书籍。这也是整理书籍必须学习的收纳技巧。

（4）书立也是常见的书籍收纳工具之一。使用书立，不仅可以使书柜变得整洁，还可以节省空间。如果选择有设计感的书立，还可以起到装饰的作用。

儿童学习力的打造是需要阅读环境来配合的，而书籍的整理是合理规划阅读空间时重要的一环，需要父母和孩子共同参与。父母在孩子成长的过程中，应精心打造家庭的阅读氛围，让孩子自觉、自愿地遨游在书籍的世界里。

2.4 两个策略，让孩子感知整理的意义

规划儿童房的目的是为了让孩子更好地成长，因此父母需要针对孩子的个性特点来调整。设计时，我们会发现环境空间需要随着孩子的成长而不断调整。其中，家庭的公共空间要特别注意。

除了满足基本的起居、收纳和学习功能外，父母和孩子共同创造的成长环境还应重点关注孩子的兴趣爱好，每个兴趣爱好的培养都需要一个相应的支持性环境。

如果孩子喜欢阅读，就需要考虑书籍的收纳设计，创造有爱的阅读区域，设置阅读角。

如果孩子喜欢画画、音乐或运动，就可以考虑设计一个专门展示个人作品、乐器或运动器械的陈列区域。

家具也要随着孩子的成长而更新换代。总得来说，儿童房的设计不容忽视的一点就是："孩子一直在长大。"因此，选择家具时应首先考虑不需要频繁更换的家具。

（1）成长型家具：每个有孩子的家庭，都会因小朋友一天天长大而需要不停地购买新的生活和学习用品，因此，为了避免浪费，成长型家具是一种不错的选择。

（2）配置可延伸：孩子在不同阶段所使用的家具不仅高

度、大小有变化，兴趣爱好和学习任务也在发生变化。因此，配置家具时需根据不同的需求来选择。在选购儿童房家具时，尽量减少固定型且无法调整的家具，比如定制的柜子、榻榻米等。建议优先考虑可以调整高度的实用性家具。

（3）组合型收纳：书柜和玩具柜尽量选择自由组合型，低龄孩子以收纳玩具为主，长大后可以更换为收纳书籍和文具。随实际需要可随意组合变换的收纳柜是儿童房的首选。

（4）配饰可替换：孩子总是充满好奇心，他们喜欢接触新鲜事物，一成不变的居室显然不能满足他们探索世界的欲望。在选择家具配饰时，可以根据孩子的喜好，以及不同时期的独特需求来替换。

2.4.1 打造孩子的居心所

一个好的儿童房，除了考虑起居功能、收纳功能、学习功能以外，还需要考虑见证孩子成长变化的功能。在儿童房里对孩子进行良好的生活和学习习惯的培养，预留一块属于他们自己的居心所。可以增加孩子的参与感，增强他们的好奇心。

通过规划和管理儿童房的空间布局，为孩子创造一个专属的小天地，在这里他们能够以最舒适的方式做喜欢的事情。

【步骤】

1. 与孩子一起讨论，布置一个能够让他们享受独处时光的地方。

2. 这个空间可以基于使用功能确定，比如玩具角、情绪安全岛、阅读角、秘密基地、"树洞"等。也可以是新增加的区域，还可以是对现有区域的改动。这个空间可以设在儿童房，也可以在妈妈的房间或者客厅等。记得父母一定要和孩子一起来创造和搭建这个空间。

【目的】

1. 家长和孩子共同打造儿童房，可以培养亲子间的感情。

2. 辟出一方天地，让孩子静下心来做喜欢的事。

【购置清单】

一块留言板：可以考虑在孩子的个人空间放置一块留言板，将这个留言板作为父母和孩子的连接工具。比如，写一些每天出行前的物品准备清单、每日的学习计划，再比如一些父母和孩子计划共同完成的事情等。

一面黑板墙：画画是孩子的天性。在孩子成长的过程中，到处涂鸦是常态，为了避免墙面与其他家具的脏乱，设置一面黑板墙十分重要（如图 2-24 所示）。

一个小帐篷：儿童房间的设计往往需要兼顾多重功能，包括睡眠、学习和个人娱乐。孩子的成长离不开玩耍，在孩子的玩乐空间里布置一个小小的帐篷，会深受很多低龄的孩子喜欢。男孩子喜欢的角色扮演游戏、女孩子的城堡梦，再或者玩捉迷藏游戏，都离不开这样的一个帐篷。在这里，孩子们也可以更加专注地休息、玩玩具或者看故事书。

图2-24　打造"孩子的居心所"之一面黑板墙

一个小飘窗：飘窗也是一个非常好的储物或者布置的空间。低龄的孩子喜欢把玩具依次陈列在飘窗上。你会发现，一旦玩具有了展示的空间，陈列的仪式感就随之而来了。对于年龄大一点的孩子，飘窗可以改造成书桌或者是阅读角，此时儿童房的功能由玩耍转变为学习。

在飘窗上放置几个靠枕，铺一块小地毯，孩子就可以在飘窗上玩耍了。父母也可以偶尔在这里坐坐，陪孩子读一本书，静静地享受午后时光。

给孩子布置安静独立的一角——情绪安全岛。

不管是 0 岁还是 3 岁的孩子，又或者是进入分房阶段的孩子，甚至父母自己，都希望拥有自己独处的时间和空间。因此，无论家长还是孩子，在家里布置一个专属于自己的角落，

是必不可少的。

"妈妈，我要一个人在这里。""妈妈，你不要进来！"这是我女儿3岁的时候，经常跟我说的话。随着她慢慢长大，我发现每天早上起床后，她都喜欢在阳台的落地窗前坐一会儿，看看窗外的景色。

父母作为成年人，不自觉地想要去观察孩子并询问他们的需要，掌握甚至控制他们的行为。起初我也会问，"宝宝你在做什么？你为什么要坐在那里？你需要妈妈陪你吗？你想要什么？"等类似的问题。可孩子却清楚地告诉我，"妈妈，我只是想静静地坐一会儿。"在这个过程中，我明白了，很多时候孩子真的需要独处的时间和空间。在那个属于自己的空间里，不需要做什么，也不需要说什么，就只是静静地坐一会儿，和自己相处，去感受当下的能量。

这个角落不需要多大，可能只是桌子下方、沙发后面，甚至家里的其他小角落。有条件的话，父母还可以为孩子添置一个小帐篷、小"虫洞"、"树洞"等。这些小角落，只能容纳孩子自己，这样就能让孩子有独立的小天地了（如图 2-25 所示）。

在现代社会快节奏与高压力的生活状态下，父母愈加忙碌，孩子的生活节奏也随之产生变化。父母需要专属的能量站，孩子也不例外。所以，帮孩子搭建一个情绪疏导、缓解压力的空间，就是为他们创建一个情绪出口。在这个空间里，孩子可以自由地宣泄情绪，有任何脾气、委屈、不解或郁结，都可以在这里对着自己喜欢的娃娃、小宠物或是其他心爱之物诉说他们的情绪。

图2-25 打造"孩子的居心所"之布置情绪安全岛

我收到最多的问题是,"我家孩子怎么一直无法专注?""怎样才能锻炼孩子的专注力?""我家孩子有'多动症',每天静不下来怎么办?"可见很多父母都会担心自己家孩子专注力的问题。每每反观这些问题,我会想起之前的一些观察。当孩子从学校回到家,开心地玩玩具时,家长总是在一旁不停地询问,"今天在学校怎么样?这玩具好不好玩?"而从小在这种沟通方式中长大的孩子,会经常忽略父母的提问,沉浸在自己的世界里。如果父母过多地干涉孩子的日常,很少给孩子独立时间和空间,那么孩子的性格可能会越来越孤僻,不愿再与父母交流。

很多时候，我的女儿小壹会钻进她的小空间，静静待上一会儿，又或者叽叽喳喳自言自语一会儿。也许在孩子的世界里，那个小角落储藏着孩子的梦想和希望，让人感到美好。

我们这一代人，小的时候很难拥有自己的空间，也没有机会去安排自己的学习和生活。从小习惯了被父母安排，导致成年后也很难清楚地知道自己喜欢什么、热爱什么。所以给孩子足够的独立空间，让孩子学会独处、学会思考非常重要。下面这个案例来自我们的学员，一位妈妈在学完亲子整理课程后，和儿子一起布置了"勇士队休息室"，为儿子的爱好和偶像留下一个独立的空间（如图 2-26 所示）。

图2-26　打造"孩子的居心所"之规划"勇士队休息室"

2.4.2　打造属于孩子成长的里程碑

陈列 + 展示：打造孩子成长记录的物证。

【步骤】

1.收集孩子在成长过程中的点滴，比如绘画、书法作品等。

2.购买工具、材料，和孩子一起布置，完成后可以贴在冰箱上或者摆放在电视柜或书架的一角。

3.设置成长里程碑展示区。

【目标】

记录孩子成长过程的点滴，注意儿童房要随着孩子的成长而不断改变。

为孩子打造成长里程碑，无论采用什么样的方式，重要的都不是形式，而是最终的效果。孩子的成长是自然而然且无法阻挡的一个过程，父母只要用爱去陪伴，静静欣赏和等待就足够了。

（1）作品，保留孩子的每一次成就。

如果孩子在成长的过程中，培养了一些兴趣爱好，获得了一些成就，比如搭建好的大型模型、取得的比赛成绩、有收藏意义的纪念品等，在规划儿童房空间时，设置存放这些有里程碑意义的纪念品区域是必不可少的（如图2-27所示）。

图2-27 打造"孩子的成长里程碑"之奖牌收纳

这个区域的规划具有独特性,通过陈列与展示的方式记录孩子成长的每个阶段,为孩子的作品赋予仪式感,同时增强孩子的自信心和成就感。

对于孩子在比赛中荣获的奖品,陈列时可以考虑按照时间、地点、流程、奖项等标准来收纳,这样的展示形式可以让孩子更直观地看到自己的成果。另外,这样的陈列能帮孩子记录下每一个阶段的成长,进一步激发孩子达成目标的动力。

(2)共处,营造表达爱意的空间。

在孩子的成长环境中,父母应适当地创造机会,与孩子一起做一些值得回忆的事情。比如,我们家在装修的时候,打造了一面客厅书墙,这个区域后来为我们留下了许多美好回忆。我们在这面书墙上放置了一家三口全部的藏书,上层留给我和先生,下层摆放女儿小壹的绘本。我们会在每天早上或晚上,一起待在这个空间里,看看书,喝喝茶,讲讲故事,或玩些游戏。

爸爸会把四大名著中他最喜欢的文言文版《西游记》摆放

在最显眼的位置。他会常常在晚上抱着小壹，天马行空地讲西
天取经途中的故事。

营造一个能够拥有共同回忆的小空间，在这里，家人间
的温馨相处，会促进孩子思考和发挥想象，也能让孩子感受
到更多的温暖和爱。

（3）相册，记录孩子成长的足迹。

自从有了孩子，手机相册里全都是他们的照片。很多家
庭会给孩子建立宝宝相册，目的是记录孩子成长的每一个瞬
间。看着孩子从稚嫩到成熟，体验生命力的神奇，记录成长的
足迹。

很多家长会纠结以怎样的方式建立孩子的成长相册，到
底是创建电子相册，还是保留实物相册。家长们众说纷纭，没
有标准的答案。归根结底取决于每个家庭的偏好（如图 2-28
所示）。

图2-28 打造"孩子成长的里程碑"之相册记录成长

对自己房间的规划设计和整理收纳，是孩子遇到的第一个关于家的系统性问题。家庭环境对孩子的影响是潜移默化的，每个孩子都有不同的性格，儿童房也需要相应地做出调整。好的设计当然要量体裁衣，让孩子更快乐地成长。

儿童房应该随着孩子的成长而变化，所以房间应该是动态的，而不是静态的。设计不需要一步到位，一开始适当搭配，留出更多空间才是重点。

打造成长里程碑是一种仪式感，可以实现孩子的精神价值。

据数据调查显示，如果父母和家庭带给孩子的精神满足远大于所谓的物质满足，让孩子在仪式感中长大，他们的生活也会更幸福。

所谓仪式感，可能只是生活中一些小场景的记录，比如孩子出生时的一张照片、生日时精心准备的一件礼物、孩子第一天入园的场景记录，或者完成某一项比赛的视频。正是因为这些，孩子能感受到生活的美妙，拥有美好的记忆。

在孩子成长的路上，通过家庭仪式来庆祝重要的节日，或者标记与朋友共度的快乐时光，这些特别的仪式感赋予平凡生活的特殊意义。

仪式感如同烹饪，需要经过备菜、洗、切、炒、盛盘等过程。这个过程总是充满吸引力，如同期待美味菜肴进入口中的瞬间，而这份期待和愉悦正是生活带给我们的礼物，也是孩子成长中的体验与经历。

成长需要仪式感！某一年农历的最后一天，我接到一位委托人的搬家整理服务请求，我们要整理的是一个有四个女儿的家。这个家中的小女儿刚满 18 岁，准备考大学。委托人和家中的姐姐商量给她过一个不一样的生日，或者为她举办一个成人礼。在讨论到礼物的选择时，妈妈特意嘱咐我们从整理的书房中搬出一箱相册。那是一箱小女儿从出生到 18 岁的相册集，一年一本，总共 18 册，每个相册的封面都是一张全家福。那一天，妈妈带着女儿在书房里有说有笑地看着照片，度过了一个温馨的下午。

我们在整理的过程中，有幸翻阅过这些相册。其中，有出生时拍的第一张照片，也有第一次喝奶、第一次爬行、第一次走路、第一次入园、第一次外宿、第一次出国旅行、第一次获奖、第一次画画、第一次上台表演等，有许许多多的人生第一次。当时我记得，我们边整理、边惊叹，怎么会有这么多成长的记录，而且保留得如此完整，这需要多么用心才能做到啊！

可是，对此委托人却随口回应了我们："其实只需要在家里准备一个大纸箱，看到就收进去，等有时间了再整理。"这些微小的瞬间都是孩子最好的成长回忆，它记录了孩子的每一个阶段，也给予了孩子充分的仪式感和美好感受。

孩子成长的岁月稍纵即逝，他们在不断地改变，我们只能通过日常的收集，来留下时间的痕迹。在那个下午，我们看到了妈妈眼里的泪光，也看到了女儿深受触动的神情，而我们作为旁观者，也同样体会到了那份感动。这些日常生活里的仪式感，无论对父母还是对孩子来说，都是如此珍贵！也许孩子记不清父母陪伴自己成长的每一个瞬间，但我相信，她会永远记得，在她 18 岁的这个下午，爸爸妈妈送给她一箱记录岁月的相册。我想这不单单是承载过往生命历程的记录，也是迈向成年的新开始！

家庭教育需要仪式感！我有一位朋友，每年都会在家里的同一个位置，带着女儿拍照片。从女儿出生，再到二胎儿子出生，不曾间断。那些照片见证的不仅是孩子的成长，也是他们之间互动的美好。对于孩子来说，照片上的笑容是家庭生活的幸福记忆。正是这些小小的仪式感，为孩子带来了更多的安全感和幸福感。

家庭生活的仪式感，不仅可以是照片的形式，也可以是每天临睡前和睡醒后互道的晚安、早安，或者睡前、进餐时刻的闲聊等。这些看似琐碎的仪式，其实展现出的是我们内心对美好生活的热爱和追求。正是这些细小的事，渗入孩子日常生活的方方面面，才能让孩子感受到来自家庭的爱与支持。

那么，我们应如何构建家庭的仪式感呢？可以从一些日常的小事做起。比如，父母一定要参与孩子的一些重要时刻，孩子第一次入园、第一次家长会、第一次亲子运动会、第一次打疫苗、未来还有孩子的成人礼、毕业典礼等。这些重要的仪式，如果有父母的陪伴，可以让孩子更加有安全感。

只要被父母赋予了仪式感，哪怕只是生活中的细碎日常，也会成为孩子记忆中重要的生命组成部分，伴随他度过一生。

仪式感，在生活中经常被人们低估，但是其存在的价值和意义往往能迸发出惊人的力量，进而影响孩子的一生。作为父母，日常生活中要陪伴孩子找到属于家庭的小小仪式感并坚持下去，让它成为家庭的一种传统。虽然我们没办法事事都讲求仪式感，但是通过小小的坚持，让孩子明白生活需要仪式感，学习如何制造仪式感，就足够了。

2.5 24个游戏，让孩子玩转整理技巧

> 游戏让孩子真正爱上整理，一个不够，那就再来一个。
> 做游戏关键在于建立亲子联结，让我们有机会陪伴孩子、走近孩子、了解孩子。

兴趣是自驱力的核心。让一个人想做某件事，就要激发他对这件事的兴趣，这是我在不断的实践中发现的重要原则之一。

对于孩子来说，玩才是他们真正的快乐源泉。孩子的世界所需要的只是简单的快乐，当孩子全身心地沉浸在玩耍中，可以激发孩子的想象力、创造力和好奇心。不管你的孩子现在是 1 岁还是 18 岁，男孩还是女孩，都可以通过游戏来获得成长。教育专家提出，大部分的育儿难题，最好的解决方式就是玩游戏。大多时候，游戏就可以达到四两拨千斤的效果。

很多父母在亲子整理时，最头疼的就是如何让孩子对整理产生兴趣，主动去整理，进而爱上整理。答案就是游戏力。

什么是游戏力？很多父母认为游戏力就是和孩子玩游戏。这个理解是不全面的。实际上，游戏力是指在游戏中建立亲子

关系的联结，让我们能陪伴孩子，走近孩子，从而了解孩子。我们要知道，方法不是关键，关键是父母的参与，在参与中陪伴孩子成长。

回顾这几年的亲子整理经历，我自己也在游戏力中受益匪浅。通过游戏给孩子建立规则，通过游戏让孩子感受整理带来的变化，通过游戏发现孩子的兴趣，建立他们的自信，这些都是我感受到的游戏力的魅力。那么，如何让孩子主动整理物品呢？怎样通过游戏互动的形式让孩子完成从不自觉到自觉整理的转变呢？

（1）通过视频、绘本的形式，给孩子传递良好的行为意识。

对于年龄较小的孩子，特别是 3~6 岁的学龄前儿童，利用绘本故事、小视频等形式，寓教于乐是绝佳的方式。绘本中的故事，可以吸引孩子的注意力，同时思考整理物品的益处以及物品混乱带来的生活问题。另外，在育儿学习中孩子产生的良好行为意识，对于下一步教学，会更加顺理成章，孩子的参与度也会更高。

（2）设计趣味整理游戏任务，培养孩子良好的行为意识。

把单一的整理行为设计成游戏互动的形式。例如，在引导孩子做玩具分类的时候，可以借助标签与图片进行互动。把小汽车、玩偶等分类放到对应文字标识的容器内，通过标识让孩子学习分类。另外，也可以通过比赛的形式，让更多的家庭成员参与进来。这样有趣的互动，让孩子在感受游戏乐趣的同时，了解整理任务如何完成。

（3）通过游戏互动，把亲子整理学习融入日常生活中。

把整理游戏融入日常生活中，试着设置家庭固定的游戏时间，将整理游戏流程化。游戏的形式可以让亲子互动更加有趣，更重要的是可以赋予孩子更多能量。孩子从整理中能体会到多少快乐将决定他能否喜欢上整理！

（4）亲子整理游戏中，父母要留意的一些做法。

父母要首先做好整理收纳。在我们的整理课堂上，父母经常会感叹，原来我们家孩子是喜欢整理的，并没有想象中那么排斥。所以，并不是孩子不爱整理，而是父母的教导方式和整理习惯需要调整。大多数情况下，家长在责备孩子时，并没有意识到孩子的问题正是自己所导致的。因此，家长们在要求孩子养成整理收纳习惯的同时，要懂得以身作则，先做好自我整理。

不要急着去验收孩子的成果。欲速则不达，学习并不是一蹴而就的。亲子整理是一场旷日持久的挑战，在陪伴的过程中，父母需要提供支持，坚持到最后。如果父母迫切地希望孩子快速取得成效，最终期待往往会落空。

慢慢来比较快！慢养孩子，静待花开。育儿的路上，父母必须清醒地认识到孩子也是普通人。让孩子慢慢来，才是陪伴孩子成长的最佳方式。只要父母每天重复这一系列的行为，孩子也一定会有样学样，养成好的生活和学习习惯。

没有一个孩子天生就是完美的，成长路上总会遇到这样或那样的问题。在教育孩子时，我们要放下焦虑，懂得有的放矢，一步一个脚印，放慢自己的步伐，用心了解孩子的状态和心理特点，有针对性地加以引导，让孩子一点一点地进步。父母要允许孩子慢慢成长，让孩子在做家务的过程中，意识到责任，逐渐明白凡事要有始有终。

父母要清楚这种慢慢养育不是想让孩子学多少东西，而是让他们自己通过细致的体验来感受生活、体会人生。

科恩博士在《游戏力》一书中提到：游戏力——基于玩耍式游戏的养育方式——可能是重建亲子感情联结的桥梁。游戏是孩子的天性，而父母要试着做有游戏精神的父母。

每一个孩子都生活在人群中，玩是他们的天性，孩子在成长中与他人玩游戏和互动才是最吸引他们的，同时也是最有意义的事情。每个孩子都爱玩游戏，但不是每个孩子都会玩游戏。玩什么？在孩子每个成长阶段都会有所不同。怎么玩？每个成长阶段的侧重点都有所不同。不同的阶段有不同的关注点，所以就会有不同的内容和玩法。孩子一边玩一边学习整理，同时也在构建自我。

经过多年的经验总结，我们建议父母把亲子整理的每一个步骤都拆解成一个个小游戏，让孩子在整理中玩游戏，在游戏中学习整理。按照整理的顺序和方法，我们总结了 24 个游戏，可以根据每个家庭的特点与需求来选择，跟孩子们一起玩转整理！

2.5.1　衣橱整理收纳游戏

游戏 1：脏衣服大作战

分类 + 重复：让孩子参与分类的环节，学习分类并且不断重复，强化分类的行为。

【步骤】

1.爸爸、妈妈和孩子每人准备一个脏衣篓（可以是袋子，也可以是筐），限时两分钟，看谁收集自己需要清洗的衣服多，并把它们放进脏衣篓（如图 2-29 所示）。

图2-29　脏衣服大作战

2.收集完之后，父母负责将所有衣服中的白色衣服筛选出来，孩子负责把有颜色的衣服筛选出来，分门别类地放进洗衣机清洗。

游戏 2：趣味衣橱

分类 + 规划：让孩子参与分类的环节，通过不同的物品类型规划空间。

【步骤】

1. 让孩子通过贴纸认识衣服的种类，包括上衣（T 恤、衬衫、卫衣、外套、羽绒服等）、下装（长裤、短裤、短裙等）、长款（长外套、连衣裙等）、家居类（内衣、内裤、袜子、围巾、打底裤、睡衣、家居服等）、配饰类（包包、帽子等）（如图 2-30 所示）。

图 2-30　趣味衣橱

2. 准备一张白纸，在纸上画出衣橱的样子，和孩子一起将分好类的衣服贴纸贴在相应的衣橱内，最后形成孩子自己的衣橱。

游戏 3：让衣服站起来

收纳 + 管理：让孩子参与动手环节，培养"自己的事情自己做"的好习惯。

【步骤】

1.叠衣服比赛可以在任意时间进行，可以选择一个周末，也可以在每天晚上的固定时间进行。

2.叠衣服比赛可以在任意时间进行。

时间上，可以选一个周末，也可以在每天晚上固定的时间进行叠衣服比赛。

3.让衣服站起来的折叠口诀：小衣服放放好，我来把你叠叠好，左右小门关一关，两只小手抱一抱，我们一起弯弯腰，我的衣服叠叠好（如图 2-31 所示）。

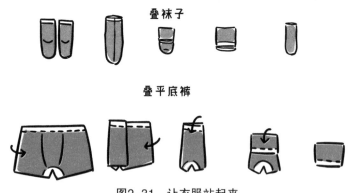

图2-31 让衣服站起来

4.可以比赛谁叠得多，也可以比赛谁叠得好。

2.5.2 分类整理收纳游戏

游戏 4：少了什么，多了什么

分类 + 界限：让孩子在分类环节不断地检查和明晰分类标准，清晰地了解自己物品的归属区域，有利于形成分类的意识，强化界限感。

分类没有绝对的标准，也没有唯一正确的答案，不同孩子的分类标准由逻辑思考方式决定。比如孩子 A 的分类标准是按照衣服类型分类，孩子 B 是按照衣服穿搭来分类（如图 2-32 所示）。

孩子A的分类
按照衣服的类型分

衬衫	T恤	短裤	长裤	短裙
长裙	毛衣	包包	帽子	鞋子

孩子B的分类
按照穿衣搭配分

一套	裙子	高跟鞋	草帽	包包	墨镜

图2-32 分类没有绝对的标准，也没有唯一正确的答案

117

【步骤】

1.选择孩子玩具区的2~3个玩具筐或者拉开学习桌的某个抽屉，让孩子关注这个区域多了哪些东西，挑出不属于这个区域的东西（特别是大人的物品）。把它们放回原来的地方。

2.同时，也要关注少了哪些东西，把少了的东西找回来。

游戏5：快乐贴贴贴

标签＋管理：利用标签对物品进行分类，培养"从哪里拿放回哪里去"的行为意识。

【步骤】

1.准备好标签机、标签纸、画笔、胶棒等。

2.和孩子一起把标签贴到相应的抽屉、柜子、收纳筐等收纳工具上（如图2-33所示）。

图2-33　快乐贴贴贴

游戏6：谁来当整理的领队

整理＋管理：让孩子形成分类的意识，强化分类整理的思维训练。

【步骤】

1. 当孩子和他的好朋友玩完玩具之后，家长要及时告诉他"我们要一起整理好玩具哦"。

2. 让物品"回家"的这个过程中，需要有人当整理的领队，最好由孩子告诉大家物品原来的位置在哪里，指挥大家把物品送"回家"。

2.5.3 玩具整理收纳游戏

游戏 7：玩具捉迷藏

管理：为了让孩子养成把物品归位的习惯，鼓励孩子找不同。

【步骤】

1. 在家里相对容易找到的位置藏个玩具，可以把毛绒玩具放到收纳乐高的区域，或者把一辆汽车藏到放玩偶的柜子里。

2. 让孩子把藏起来的玩具找出来，并放回原处。

游戏 8：玩具管理员

标签 + 管理：孩子参与动手的环节，让孩子对玩具数量和摆放位置有概念。

【步骤】

1. 为每个玩具安排一个只属于它们自己的"房间"，并为每个"房间"取个好听、好记的名字（即做好标签标识）。

2. 设置背景：天黑了，所有的玩具都要赶紧"回家"了（毛绒玩具要回到自己专属的"床铺"；托马斯小火车要和车厢配套住在一起，因为他们是好兄弟）。

3. 不断练习，重复确认每一个玩具所居住的"房间"和"房间"号名字（标签），然后物归原位（如图 2-34 所示）。

图2-34 玩具管理员

游戏 9：新来的朋友

筛选 + 管理：遵循"一进一出"的原则进行整理，让孩子为新来的物品安顿一个家。

【步骤】

1. 与孩子一起盘点现有的物品及玩具数量，规划每个区域的物品收纳空间；

2.将孩子新购买或者接受赠送的物品称为"新来的朋友"。在"新来的朋友"进门时，需要引导孩子遵循"一进一出"的原则，在原有的物品中挑选一样物品，暂存在储藏区域或者通过转送、寄卖或其他方式使其再次流通（如图2-35所示）。

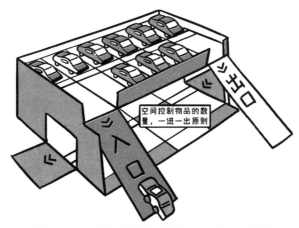

空间控制物品的数量，一进一出原则

图2-35　空间控制物品的数量，一进一出原则

游戏 10：黑白任意箱

分类＋筛选：让孩子参与分类的环节，在这个环节学会对物品进行筛选。

【步骤】

1.和孩子一起对玩具类别进行细致分类。比如，"玩偶的家""交通工具停车场""乐高墙""角色扮演"等。

2.分类的过程中，经常会出现"不知道应该归到哪些类别里的物品"。家长可以带着孩子一起制作或者找到一个收纳筐，为它取个名字"黑白任意箱""维修厂""再利用中心""资源回收站"等，然后把无法分类的物品暂放在这个收纳筐里，再通过转送、寄卖或者其他方式使物品再次流通（如图 2-36 所示）。

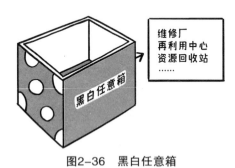

图2-36 黑白任意箱

游戏 11：跳蚤市场

筛选 + 管理：让孩子将物品分门别类地筛选出来，考虑一部分物品进入新的循环中。

【步骤】

1. 和孩子一起选出可以流通的旧物品。

2. 和孩子一起准备跳蚤市场的摊位，为每一件物品定价。

3. 和孩子一起对跳蚤市场的收益进行合理的安排。

2.5.4 规划整理收纳游戏

游戏 12：一平方米空间的可能性

规划 + 管理：用一平方米给孩子打造一个空间，在这里待着最舒服且能做最喜欢的事情。

【步骤】

1. 在家里找一面空白的墙，不需要很大面积，一平方米的空间就够了。

2. 把这一平方米的空间设置成黑板墙，作为孩子随意涂涂画画的地方，也可以设置成积木墙，孩子可以拼乐高，进行创作，还可以布置成美术馆一样的画廊，挑选孩子合适的画作、旅行纪念品或者制作的植物标本等，用相框装裱起来，打造有艺术气息的角落（如图2-37所示）。

图2-37 一平米空间的可能性

游戏 13："今天我们要搬家啦"规划方案

标签 + 管理：让孩子参与动手的环节，培养孩子的规划能力和决策能力。

【步骤】

1.每年设定固定的时间讨论家庭搬家方案，重新安排家中一部分物品的摆放位置和方式。

2.和孩子一起讨论家中物品的调整方案，明确需要调整的原因和其最终位置。

3.通过家庭会议与孩子共同建立家庭物品收纳索引，便于查找使用。

2.5.5　收纳习惯养成游戏

游戏 14：消灭捣蛋鬼

维护 + 管理：家长和孩子共同监督，维护公共空间的秩序。

【步骤】

1.指定某个区域，如客厅、餐厅、玄关。

2.与孩子一起寻找不属于这个空间的物品，我们称之为"捣蛋鬼"，比如爸爸的袜子、妈妈的包、自己的玩具等，然后把它们放回原处。

游戏 15：物品定位

目标 + 管理：孩子和家长一起确定物品的收纳空间。

【步骤】

1.家长和孩子记清所有物品（衣服、书包、玩具、文具、书籍、运动用品等）。

2. 与孩子一起决定这些物品放在哪里。

游戏 16：绘制整理地图

收纳 + 管理：让孩子方便记忆物品放在哪些位置。

【步骤】

1. 与孩子一起绘制学习区域的整理地图（可以是简易平面图，也可以采用思维导图的形式）。

2. 画出书桌、书柜的平面图，对每个层板、抽屉及收纳箱区域进行标注，再使用物品整理收纳时的标签对实物进行完善。

3. 由家长引导孩子迈出第一步，先完成再完美。

游戏 17：侦探大搜查

管理：利用家里的物品，开展寻找物品的游戏，可以强化家庭成员对公共区域物品的掌控力。

【步骤】

1. 人员分工：裁判 1 人（妈妈），侦探两名以上（爸爸、孩子、爷爷、奶奶等）。

2. 裁判准备 10~20 种家里经常使用的物品，将其名称写在便笺纸或者标签上，由侦探找出物品所在的位置（如图 2-38 所示）。

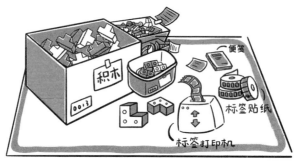

图2-38　侦探大搜查

3. 评判结果：在规定时间内找到最多物品的侦探获胜，或者在最短时间内找到裁判指定物品的侦探获胜。

游戏 18：整理之环

使用＋管理：让孩子了解整理之环的构成，并遵循一定的原则使用（如图 2-39 所示）。

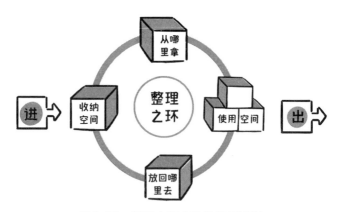

图2-39　整理之环之进出使用原则

【步骤】

1. 与孩子聊一聊，把整理之环补充完整。

2. 与孩子约定好，每天按照整理之环，进行物品的管理和使用。

2.5.6　自我管理提升游戏

游戏 19：垃圾也有朋友圈

分类 + 筛选：让孩子参与垃圾分类的环节，了解垃圾分类的重要性。

【步骤】

1. 和孩子一起对垃圾进行分类，借助分类贴纸、卡片对垃圾的类别进行细分。

2. 学习口诀"垃圾排排队，厨房先归类；垃圾分分好，分前动动脑；垃圾清清空，种类多且杂；垃圾也有朋友圈，做好分类是关键"（如图 2-40 所示）。

图2-40　垃圾也有朋友圈

游戏 20：“Wi-Fi”信号游戏

标签＋管理：让孩子参与动手的环节，父母与孩子一同行动。

【步骤】

将孩子的书籍堆放在一起。

1. 让孩子根据书的高度和大小来排列，个子高的书排在左边，个子矮的书排在右边。

2. 在排序的过程中，父母协助孩子不断调整，最终形成一个“Wi-Fi”高度的信号线（如图 2-41 所示）。

图2-41　“Wi-Fi”信号游戏

游戏 21：时间饼

目标＋管理：让孩子正确地认识时间、拥有时间概念并管理好时间。

【步骤】

1. 与孩子一起制作时间饼图，在 A4 纸上画一个圆，将 1~24 小时的时间刻度画好。

2. 引导孩子把睡觉、休息、上学、娱乐所需的时间都标注在时间饼上（如图 2-42 所示）。

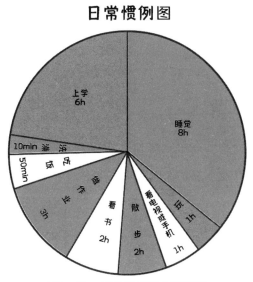

图2-42 日常惯例图之时间饼

游戏 22：加油站

目标 + 管理：让孩子合理分配时间，学着列清单和计划，并执行下去。

【步骤】

1. 与孩子一起，在一张空白纸上画出汽车的油箱，并在

油箱的刻度上，从下到上依次写上从放学回家到晚上睡觉前要完成的各个事项（如写作业、做手工、练琴、玩游戏、看电视、睡前阅读、刷牙、睡觉等）。

2. 孩子每完成一个事项，就在随身加油站上，把相应油箱的刻度区域加满油（即用彩色画笔将完成事项刻度以下的位置全部涂满），直到清单与计划中的所有事项全部完成。

游戏 23：时间线游戏

目标 + 管理：让孩子正确地认识时间、拥有时间观念并管理好时间。

【步骤】

1. 将一张 A4 纸等分成 24 份 1~2cm 宽的纸条，每个纸条代表 1 小时，之后在每一格写上数字 1~24。

2. 想一想一天 24 小时是如何度过的？假如睡眠时间为 8 小时，那就从 24 开始往回数到 16，撕下来；接着计算其他时间，如上课、课间休息、运动等，然后把纸条依次撕下来；再粗略地算一下洗漱、玩游戏、上厕所等常规活动的时间，并把纸条撕下来；记得把睡前磨蹭、写作业拖拉的时间也都算进去。

3. 剩下的时间就是可以自由安排的时间，有的人有 3 小时，有的人只有不到 1 小时。剩下的时间要安排做什么，家长要引导孩子思考并制订计划，在具体执行中调整。

游戏 24：追逐梦想的孩子

目标 + 管理：让孩子选择一个正确的方向，制定合适的目标，并执行下去，最终达成目标。

【步骤】

1. 了解孩子的想法，问问孩子有什么样的梦想，进一步讨论梦想应该怎样一步一步去实现，为他们建立目标意识。

2. 在一张空白的纸上贴星星，和孩子一起完成梦想星空图。每颗星星代表一个梦想，大星星代表远期的梦想，小星星代表近期的梦想。

3. 借助梦想星空图，与孩子一起制订学习与成长计划，培养"追星星的孩子"。

游戏就是整理，整理就是游戏。孩子天生爱玩，游戏在亲子整理过程中能起到良好的教育意义。孩子既可以在游戏中感受整理的方法，也可以在整理中自发地爱上整理，从而主动学习整理。由此可见，游戏对于孩子学习整理至关重要，良好的行为习惯，都可以通过游戏的方式来养成。

孩子喜欢玩耍和游戏，讨厌任务和要求。父母的任务就是将整理变成玩耍和游戏，而不是直接下达任务和要求。只要父母能做到这一点，那么亲子整理基本上就成功了一大半。另外，孩子喜欢被表扬和鼓励，讨厌被批评和责骂。所以，父母与孩子一起做整理，要善于捕捉孩子的成长和进步，适时地给予鼓励，这样孩子的成就感也会随着信心的建立逐渐增强。

每个孩子不可能仅仅因为整理很重要，就主动去整理，更不可能因为被父母批评而主动去整理。孩子主动去整理的原因，只可能是觉得整理是一件有趣又治愈的事情。如果父母不注意亲子整理的方法，只是把整理当作一件任务布置给孩子，没有让孩子感受到整理也是游戏，那么孩子就会将整理和"苦""累""不喜欢"这些字眼联系在一起。只要一提起整理，就会让孩子感觉到压力和不快乐。

扫码下载贴纸素材

第 3 章

日常生活管理从亲子整理开始

孩子掌控未来，生活更加幸福。
培养孩子好的生活习惯，整理思维是助力。

　　家长培养孩子尽早养成良好的生活习惯，这对孩子的秩序感养成非常关键。生活习惯也会影响孩子的学习习惯，好习惯会持续，坏习惯会蔓延。

　　我们经常听到很多妈妈有类似的疑问：

　　为什么我们家孩子没有时间观念？

　　为什么经常忘记自己有作业要做呢？

　　为什么任何事情都需要我在后面催呢？

　　我们不难发现，家长使用的最多的是以"我"开头的句式，"我觉得孩子应该怎么样……"这里反映出，很多家长是不注重培养孩子的时间管理意识的，忽略了孩子管理事务自觉性的培养。

　　孩子的知识和才能不是与生俱来的，而是随成长逐步习得的。在这个过程中，需要家庭和学校的正确引导。同理，训练孩子的时间管理能力，也需要父母运用正确的方法耐心教导。这就要求父母先了解孩子在不同阶段的成长特点。

　　对于孩子的时间管理，可以从以下三个方面着手。

上学：围绕孩子每天的行为习惯展开。上学是贯穿家庭和学校、生活和学习的事情。以上学为节点来划分时间，是一个非常好的方法。

出门前：通过固定物品的摆放位置，实现孩子出门不拖拉。

放学后：做好动线的管理规划，放学后的安排不用愁。

上学前想清楚每天要完成的事项都有哪些？

1. 列事项清单

具体可以分为起床、刷牙、洗脸、换衣服、吃饭、准备东西、拿书包、去学校等一系列事项。把固定的时间节点列出来，也就可以安排好了。

2. 固定的时间点 = 固定的事项

确定好起床时间和去学校的时间后，孩子就可以有具体时间做参考，而不会磨磨蹭蹭出门难了。另外，如果我们想让孩子出门前不磨蹭，需要提前帮他们规划和整理好出门前的物品清单（如图 3-1 所示）。

物品	星期一	星期二	星期三	星期四	星期五	星期六	星期日
衣服	☐	☐	☐	☐	☐	☐	☐
鞋子	☐	☐	☐	☐	☐	☐	☐
早餐	☐	☐	☐	☐	☐	☐	☐
水杯	☐	☐	☐	☐	☐	☐	☐
作业	☐	☐	☐	☐	☐	☐	☐
书包	☐	☐	☐	☐	☐	☐	☐

上 学 物 品 清 单

扫码下载表格

图3-1 上学物品清单

3.清单化打钩管理

和孩子讨论完要做的事项并列出清单后，可以打印出来张贴在门口，引导孩子每天检查完成情况并打钩（如图 3-2 所示）。

图3-2　上学物品清单的使用场景

从孩子打开门大喊"我回来啦"的那刻起，你家是不是也经历过以下这些情景：

孩子鞋子一脱，人就跑了，鞋子扔在玄关地面。

孩子脱下外套，随手乱扔，要么堆在沙发上，要么堆在餐椅上。

孩子把需要换洗的衣服塞在书包里，第二天又背回学校。

为了防止这些情况出现，孩子每天放学回家后，该如何规划呢？方法有以下两种：

（1）列事项清单。

列清楚从进门后要做的事项：换鞋，放下书包，脱下外套，拿出换洗衣服，上厕所洗手，整理学校带回来的作业等，列得越详细越好。

（2）树立意识，固定的位置＝固定的物品。

放学回家后书包要放在哪里？换鞋和脱外套这两件事要在哪里完成？带回来的换洗衣物和资料要放在哪里？

我们可以和孩子一起来确定物品的固定位置。以我们家为例，在玄关处摆放着一个卡通换鞋凳，这是专门为孩子回家换鞋准备的。在换鞋凳的旁边，紧挨着的就是鞋柜，遵循着就近收纳的原则，孩子可以顺手把换下来的鞋子放进去（如图3-3所示）。同理，从学校带回来的物品，也需要按相同方法给它们找到固定位置。

让物品的摆放符合日常生活动线，是孩子随手就可以把物品归位的重要原则之一。只有让整理变得简单，孩子才能快速做出行动上的改变。

图3-3 放学回家的动线管理

让孩子掌握时间的概念，是培养孩子时间管理能力的前提。时间管理的方法需与有形的物品整理方法区别开来，因为时间对于我们来说，是无形的。因此，培养孩子时间管理能力的第一步就是让孩子认识时间。

（1）把时间记录下来：和孩子一起记录每一天的时间。

记录时间的方法可谓"简单直接"，那就是流水账式记录。以一周为期限，记录下每天的日程安排和所需时间。在记录的过程中，我们会察觉到我们对时间的使用毫无章法，导致大部分时间都被浪费掉了。刻意记录可以让我们清楚地知道时间都用在了哪里。在这个基础上，父母可以引导孩子用正确的方法对事项和时间进行分类管理，从而更好地分配时间。

（2）给时间分类：和孩子一起对时间进行分类管理。

当孩子逐渐长大，要做的事情和要学习的知识也会逐渐增加。为了不使孩子感到太大压力，对时间和事项进行分类管理尤为重要。

分类管理时间的高效方法是以区块划分时间，在不同的时间段做不同的事情，这样做的目的是保证在规划好的时间内完成要做的所有事项。不过，在制订时间计划表时，一方面要保证事情能如期完成，另一方面又要做到灵活掌握、有弹性。比如，遇到特殊情况，上午的事情可以暂时调整到下午来完成。不能制订过于严苛的时间计划表，那样的话，即使是神仙也难以做到。

（3）把事项列出来：和孩子一起对事项进行梳理。

想要更好地培养孩子进行时间管理，可以试着让孩子自己来安排周末时光。通常来说，每一个周末不仅需要安排学习、休息与玩耍等基本活动，还要安排孩子整理自己的房间、上课外兴趣班等。在孩子成长的过程中，由家长协助孩子来制定日常行为惯例表，对培养孩子的时间管理能力非常有帮助（如图 3-4 所示）。

日常行为惯例表

早上	7点 起床 穿衣 洗脸 刷牙 吃早餐 7点45分 出门上学
中午	12点半 吃完午餐 阅读15分钟 13点午休 13点45分 出门上学
晚上	18点半 吃完晚餐 20点前完成作业 21点前 练琴 整理明天出行物品 21点半 洗漱 22点 睡前阅读30分钟 睡觉

图3-4 日常行为惯例表

在制定日常行为惯例表时，要综合考虑以下几个方面：

（1）制定生活惯例表，而不是学习计划表。父母与孩子制定计划表，不要只关注学习，也要把休闲和娱乐的时间安排进来，让孩子体验到生活的丰富性。

（2）让孩子自己主导计划。日常行为惯例表是孩子的惯例表，应该由孩子率先列出，孩子是主导，父母作为协助者应首先尊重孩子的观点，再适当地表达自己的意见。同时，需要设置一定的缓冲期，让孩子逐步习惯日常时间管理的状态。

在执行过程中，如果孩子出现没有办法坚持的情况，父母需要耐心地引导与提醒，不应过分指责。相应地，当孩子日常的时间管理渐入佳境后，父母也可以准备一些小礼物，给予孩子一定的鼓励，相信孩子会更容易坚持下去。

（3）孩子喜欢有趣的事物，因此形式非常重要。有趣才能让孩子坚持下去，并且乐此不疲。惯例表的形式可以是多种多样的，像画画、贴纸、自制漫画、相片等，让孩子以喜欢的形式去做才是最重要的。

在制作惯例表时，应注意以下几点：

（1）学龄前孩子的日常作息表"图大字小"是关键。这个阶段的孩子大多不认字，基本上对时间也没有概念。作息表的呈现应强调视觉效果，字体小、图标大、排版简明，小孩子容易明白。除了自制作息表，也可以购买成品。

（2）按照周计划来制定，丰富合理才更有效。随着孩子慢慢慢长大，开始上幼儿园和各种各样的兴趣班，时间安排也越来越紧张，需要使用周计划表来做进一步的梳理。周计划表应涵盖生活与学习的各个方面，包括生活作息、学习计划，以及休闲娱乐，并要对应标出所需的时间（如图 3-5 所示）。

序号	时间	安排		周一	周二	周三	周四	周五	周六	周日
1	7:50		起床、洗漱							
2	8:00		早饭							
3	8:15		出门上学							
4	9:00-16:30		学校学习							
5	17:00		放学到家							
6	17:00-18:00		运动玩耍							
7	18:00-19:30		洗澡、晚饭							
8	19:30-20:30		学习							
9	21:00-21:30		亲子阅读							
10	21:30		洗漱睡觉							

图3-5　每周作息时间安排

扫码下载表格

3.4 自我管理："想做""要做"更从容

要做清单代表着"我必须"，想做清单代表着"我愿意"。

在培养孩子的过程中，让人很矛盾的一点在于，明明大部分父母希望孩子可以独立自主地去完成自己的事情，但同时又会有很多父母以各种各样的理由剥夺孩子做事的权利。

比如，为孩子找各种各样的借口。"孩子太小了，不要要求那么多。""没有关系，以后长大了就会了。""孩子的作业太多了、学习太累了，不需要做这些，我来帮你做。"

作为孩子的养育者，除了需要思考"我能为孩子创造什么条件"以外，还应该去思考"孩子可以自己做些什么"。孩子需要清楚地知道自己该做什么，想要做什么和能够做什么。作为独立的个体，自我管理是孩子甚至每个成年人都需要去思考和经历的人生重要课题。

其实整理并不难。最简单也最重要的一步在于把物品放回原处。只有和孩子做好约定，才能让他们更好地去执行。所以"想做"就显得尤为重要。

不过，要明确这个"想做"是孩子自己想做并愿意做，而不是父母想要孩子做。这是很多父母容易陷入的误区。

比如，在孩子每天的日常行为清单中，安排着上学、写作业、练琴、洗漱、睡觉等必做事项。但这些都是父母想要孩子按时去完成的事，不一定是孩子愿意主动去做的事情。

虽然日常的行为清单和想做清单在事项上可能会有重叠，但一定不会完全一样。如果两个清单完全一样，所谓的"想做清单"可能就失去了它的意义，所有的事情又回到了父母说了算，孩子再次失去了选择的权利。那么，长此以往，孩子主动完成的意愿和责任心就会受到影响。

为什么要列想做清单？原因在于孩子在制订计划的过程中拥有自主决定的权利，能够激发孩子的自驱力，自主地完成需要做的任务。

制订想做清单是培养孩子整理力的第一步。在这个过程中，父母要配合孩子来合理设置想做清单，这样在事项的罗列和执行中，孩子会渐渐地在每一件小事中获得成就感。

在制订清单的过程中，可以参考以下几点：

1. 想做之"微梦想清单"

一方面，我们在教孩子学习整理；另一方面，我们也在陪伴孩子理顺他们自己的物品与时间。经过整理后，空余出来的时间可以用于探索孩子的梦想。"微梦想清单"是一个自我发现和积极行动的有效工具，体现孩子们对未来的渴望和对自己负责的态度（如图 3-6 所示）。

我第一次做"微梦想清单"是在 2018 年热情测试的工作坊上。每当我们迷茫的时候，就翻出来看一看，有助于更好地认识自己，并做出未来的行动规划。

扫码下载表格

图3-6　想做、要做清单之我的微梦想清单

【材料准备】

杂志图片类：孩子查找及剪裁。

书籍或者画册：孩子寻找灵感来源。

工具类：剪刀、胶棒或者双面胶、荧光笔、卡纸（白色、

彩色均可）、贴纸等。

【制作时间】

找一个完整的时间段，可以是下午，也可以是晚上。

【清单内容引导】

你想成为什么样的人？

你最想要做的事情是什么？

你想学会什么技能？

人生中，你觉得最有意义的事情是什么？

你最想拥有什么，以及你最想在哪些方面做出什么样的
成绩？

2. 想做之节假日安排清单

生活需要仪式感，仪式感源于对生活的热爱、对幸福的追
求。无论是精彩的日子、忙碌的日子还是平凡的日子，都可以
赋予生活的意义。2017 年我的女儿小壹出生后，我的生活有
了更多的仪式感。

每一年元旦，我都会拿起新一年的日历，标记全年的重要节
日，包括家人的生日及重要的家庭纪念日等。仪式感，让平凡的
生活充满幸福！

以下是一些我们家在庆祝重要节日时会一起做的事情（如
图 3-7 所示）：

（1）每年的元宵节，一起去猜灯谜、逛夜市。

（2）每年的清明节，一起祭祖、踏青。

亲子整理之想做、要做清单

行动起来，和孩子一起成长！

想做之节假日安排清单

每年邀请孩子一起列出重要的节日和家庭重要日子。
1. 列出每年的重要节假日：春节，国庆，中秋等。
2. 列出全家的重要家庭日：生日，纪念日，比赛日等。
3. 讨论这些日子的活动安排及计划。

节日/时间	节假日 清单之想做的事	执行人

有仪式感的生活，才是最幸福的！

生活需要仪式感

仪式感源于你对生活的热爱，对幸福的追求。

扫码下载表格

图3-7 想做、要做清单之节假日安排清单

（3）每年的中秋节，一起做月饼，赏月。

（4）每年的春节，一起贴春联、包饺子。

另外，我们也会庆祝一些"专属"的节日：

（1）每一个家人的生日，全家围坐在一张桌子上，吃饭、唱生日歌、吃蛋糕。

（2）每一年的结婚纪念日，带上孩子一起拍张全家福，甚至是重拍一组婚纱照。

（3）每一年开学，带着孩子拍一张证件照，记录他的成长变化。

（4）每一个重要的比赛，用照片记录下比赛的点点滴滴，再整理成册。

《小王子》书中里提到，仪式感使某一天与其他日子不同，使某一时刻与其他时刻不同。让孩子成长在每一个有仪式感的日子里，让他们明白，仪式感是希望的开始，更是改变生活的开始。让生活在仪式感中变得讲究而不将就。

父母应该试着放手，让孩子大胆地尝试。你会惊喜地发现，在这个过程中，孩子的成长与变化是非常可喜的。"想做"和"要做"这两个清单，可以让孩子逐渐变得有责任心、有担当，从妥善管理物品到恰当安排时间，进而实现自我管理，通过整理来更好地引领孩子逐步走向自律。

3.5　旅行整理：孩子成长看得见

很多家长一提起亲子出行，第一反应就是头疼。

亲子出行涉及各种琐事，如行李的收拾准备、出行的路线安排、旅行中突发情况的处理等。那么，如何把亲子整理融入亲子出行准备的方方面面呢？

答案是巧用工具。使用思维导图，不管是在旅行计划的制订、出行物品的选择，还是对孩子的引导上，都是很好的选择。在亲子出行中，孩子也可以运用思维导图在不同场景下思考问题的解决方法。

1. 第一步：头脑风暴罗列出行安排

孩子总是对旅行目的地的美食、美景兴致勃勃、充满期待。在确定目的地后，可以为孩子选取一些书籍、图册、资料作为参考，由孩子规划想要游玩或者参观的景点，具体可以用圆圈图来呈现（如图 3-8 所示）。

孩子为旅行头脑风暴，除了规划一些耳熟能详的景点外，也会发散思维，有一些令父母欣喜的发现，比如，他们自己找到的特色美食，网红的打卡景点等。大一些的孩子，还可以鼓励他们继续使用气泡图来延展，说清楚为什么选择这个景点，方便家人共同探讨，最终做出决定。

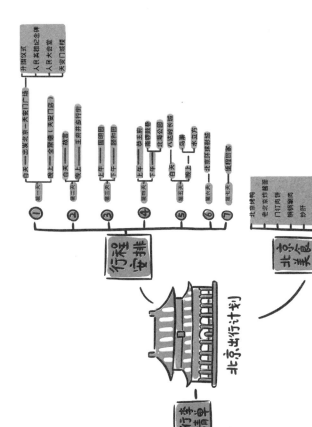

图3-8 头脑风暴之出行计划思维导图

151

2. 第二步：罗列并分类整理行李清单

在出行前都需要提前准备些什么呢？

与孩子一起把行李清单罗列出来，再进行分类。具体可以先按照每个人的需求来准备，再来准备公共用品，包括但不限于出行前的证件准备、出行方式以及订票、酒店预订等（如图 3-9 所示）。

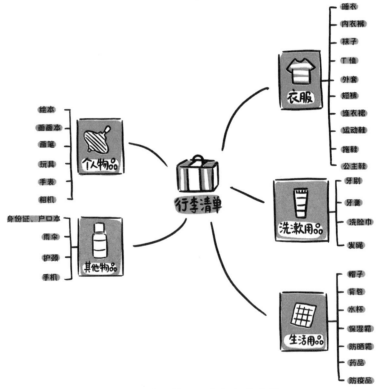

图3-9 亲子整理之出行行李清单

罗列清单可以保证我们不遗漏要带的东西，尤其是在全家出行且行李较多的情况下。另外，不仅是行李的打包，所有关于出行的事情都需要提前准备，也都可以采用罗列清单的方法。

3. 第三步：复盘整理旅行收获

很多父母对亲子出行感到头疼的另一个原因是，旅行结束后异常疲惫，孩子对旅行的感受仅仅停留在吃吃喝喝上，没有其他收获。针对这一点，我们在返程的路上就可以开始引导孩子做复盘整理，和孩子一起制作亲子旅行翻翻书（如图 3-10 所示）。从出行的感受、参观的景点、旅行中的照片整理等方面启发孩子思考，以这样的方式对每一次出行做记录。

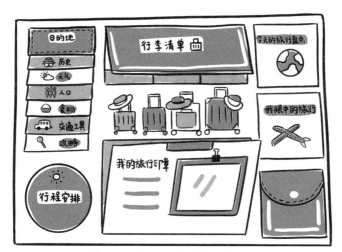

扫码看使用视频

扫码下载翻翻书

图3-10　复盘之亲子旅行翻翻书

使用好思维导图能让孩子从规划路线、制订计划开始，自由、自主地探索世界，遇见旅行中的每一种可能。

第 4 章

今天，我们开始做整理

行动起来，和孩子一起成长，一起享受整理的乐趣!
一旦开始，坚持下去就会变得容易。

让孩子学会整理，最重要的是让孩子清楚地知道整理能够给他们带来什么。孩子作为家庭中重要的一员，除了学习，更需要全方位地了解生活、接触生活与感悟生活。

整理思维需贯穿孩子成长的每一个阶段。虽然孩子拥有学习和创造的无限潜力，但学习整理收纳，还是会不断地遇到各种问题和困难。整理的能力是在长期的学习和实践过程中积累出来的。

"没有规矩不成方圆"，这句话告诉我们做任何事都要有一定的规则，否则就无法成功。同理，陪伴孩子整理，也离不开规则。接下来，我们一起制订行动计划，陪伴孩子行动起来。

4.1 开启家庭整理会议，全家一起行动

"整理收纳真的是一件容易的事情吗？""你们家平时找东西的时候都找谁？"这是每次在亲子整理课堂上，我都会问学员的两个问题。以下是不是大家生活中常遇到的场景？

"妈妈，我的红领巾放在哪里了？"

"妈妈，我找不到我的小白鞋了，今天舞蹈课要穿！"

"妈妈，水杯在哪里？我找不到了！"

"妈妈，我另外一只红色短袜，你看到了吗？"

"妈妈，我的橡皮擦用完了！"

......

"老婆，帮我找下我的湖蓝色领带，我今天要上台主持！"

"老婆，看到我的剃须刀刀片了吗？"

"老婆，厕所纸巾用完了，家里还有吗？"

......

家里似乎只有妈妈一个人知道物品所在的地方。如果全家

的整理任务仅由一人完成，那么无形中便给这个人增加了许多工作量。我们每一次接受客户的全屋整理委托，平均都需要5~6位整理师耗时4~7天，如果只由妈妈一个人来完成的话，那就有可能是30天的大行动。

事实上，要想构建良好的家庭收纳体系，需要全家一起行动。召开家庭整理会议，和孩子一起制订整理计划（如图4-1所示）。

图4-1　制订家庭整理计划

家庭整理会议的内容如下：

和孩子一起讨论整理的方法：整理的步骤是什么？先做什么，后做什么？怎么整理会更好？

和孩子一起制订计划表：计划包含哪些内容？分别由谁来

执行，谁负责检查等（如图 4-2 所示）。

家庭会议记录

日期:		时间:	
主持人:		记录人:	
参会人员			

环节一:	致谢		
发言人	致谢对象	致谢内容	

我们认为，真诚的致谢是会议良好的开端，建议致谢的内容要针对具体的行为和事件并表达自己的感受

环节二:	讨论		
事项1	讨论过程	结论或下一步行动	
事项2	讨论过程	结论或下一步行动	
事项3	讨论过程	结论或下一步行动	

会前确定3个以下的家庭议题，会上进行讨论，我们可用图画或文字记录讨论的过程和结果

	下周安排	
事项	内容	选项
家庭活动		□娱乐□社交□观赏□公益□学习□旅行
健康计划		□跑步□爬山□散步□游泳□其他
家务清单		□打扫□倒垃圾□洗衣服□整理收纳□其他

环节四:	已完成	未完成	待改进
本周回顾			

扫码下载表格

图4-2 家庭会议记录表

在制定规则的时候，需根据家庭、孩子的具体情况进行具体分析，有以下几点注意事项。

（1）3岁以上的小朋友，可以全家人一起召开家庭会议，列整理清单，把需要整理的东西（玩具、绘本、衣服等）列出来。3岁以下的小朋友，可以由家长引导，大方向由家长决定。

（2）制定规则的过程中，家庭成员自由发言。比如，什么东西放哪里，什么东西摆出来，东西怎么分类等，发言过程中其他成员不否定、不评价。孩子和父母的思考方式不一样，所以父母与孩子沟通，要认真倾听孩子的想法，和孩子一起商量、一起思考。

列出任务清单或制作任务轮，每个人领取自己的"任务"，在"任务"后面写上自己的名字或盖手印。相比父母直接下命令、派任务，孩子主动自愿选择的效果会好很多。

家庭整理计划包含以下几项内容：

（1）需求调查：召开会议前，需要对家庭成员的需求和难点进行调查（如图4-3所示）。

（2）行动步骤：采用21天行动计划，效果会更好。

（3）检查制度：家庭整理计划中还有一个非常关键的步骤，就是检查。

（4）明确固定的检查时间：明确固定检查时间的好处，就像上了一个闹钟，大家都会根据闹钟的提醒来执行。

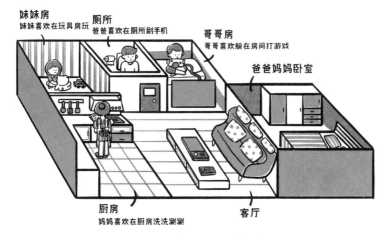

图4-3　家庭需求调查表实例

（5）注明检查日期和检查人：每天检查可以更好地监测完成的情况，有助于培养孩子坚持做一件事情的能力。

（6）制定奖惩制度：制定未达标的惩罚方案与达成任务的奖励方案。

定期召开家庭会议，讨论在执行过程中遇到的问题，父母在会议中首先要具体且真挚地肯定孩子的表现和取得的进步，再和孩子讨论遇到的问题和困难，并把这段时间的成功经验总结提炼成解决方案，以此作为解决未来遇到问题时的参考。

在亲子整理的行动计划中，必不可少的环节就是复盘和检查。复盘和检查本身也是整理思维的一种呈现，可以借助打卡记录表等工具来进行记录和跟进，这样能直观地呈现孩子践行计划取得的成果。

行动计划里的打卡项目，可以是一日生活清单里要完成的事项，比如上学物品清单、睡前事项检查，也可以是具体的整理任务（如图 4-4 所示）。同时，我们在制订行动计划时，需要了解以下几个诀窍：

1. 从多维度制订（作息、行为、习惯等）

父母协助孩子做整理计划，不要单纯地从整理物品的角度出发，可以更多地考虑从多重维度来制订，包括作息安排、行为习惯以及生活习惯等。

制定好计划后，可以采用多种有趣的方式来执行计划，比如设置带转盘的任务轮盘，运用一些图表等。以多种方式来执行，会让孩子更加专注地参与其中。

2. 每次计划只做一件简单的事情

父母想要让孩子养成及时整理的习惯，需要适当地降低预期。把每一项任务细化，让孩子明确任务事项的具体要求。

在头脑风暴中带着孩子去补充还需完成的事项，并及时了解孩子的需求和困难，给孩子表达的机会。

执行的过程中，父母会逐步发现平时没有关注到的孩子行为习惯和生活状态。在这个阶段，父母需要学会引导孩子去思考和发现。

亲子整理之行动计划表

行动起来，和孩子一起成长！

行动计划表			日期：		目标：	

行动计划	1	2	3	4	5	6	7	8	9	10	11	12	13	14

计划执行反馈			
类别	开始时间	结束时间	完成情况

扫码下载表格

图4-4 行动计划表

163

3. 循序渐进，及时复盘总结

不要一步到位，以完美主义来苛求孩子。制订计划时，要提前和孩子讨论并预估每一个事项需要使用的时间。所有的安排，要避开日常的学习、睡眠、出行时间。在执行计划的前期，要做到及时复盘，随时调整计划和安排。如果孩子无法在原定的时间内完成任务，父母要做好安排，和孩子一起寻找原因并进一步探讨改善和提升的办法。在前期把握好每一步节奏，让孩子逐步执行，并找到自觉整理的步调。有成就感的整理，会让孩子的下一轮行动更加顺利。

4. 用音乐来营造全家整理的氛围

音乐是家庭整理中非常好的氛围调和剂。选定开始和结束的音乐，在音乐响起时，全家人一起行动起来！

4.3 "能量存折"用得好，孩子进步看得见

在孩子的教育上，父母会发现，一旦开始关注孩子的缺点，缺点就会被放大。我们鼓励父母陪伴孩子做整理，并创建专属于孩子的整理"能量存折"。

父母可以给孩子建立一个"整理银行"，引导他们列出自己已经学会且日常在坚持做的整理事项，办理专属于孩子的"能量存折"（如图 4-5 所示）。

1. 我可以自己穿衣服。

2. 我会叠衣服，且每周都会整理一次。

3. 我回家可以先把鞋子摆放整齐。

4. 我能每天做完作业，并把书桌上的笔收进抽屉里。

5. 我能玩完小汽车，再把车停回停车场。

……

让孩子自己来罗列已经学会并且坚持在做的清单内容，再写在小本子上。作为孩子整理的能量存折，存储在整理银行里，每周根据存折能量的增减来查看孩子是否有所进步。通过

记录和检查，孩子可以对自己的整理能力是否提升有更清晰的掌控。

亲子整理之能量存折

姓名	
年龄	

爱好

班级

开户宣言：

我宣誓：

本人愿意自本存折启用之日起，
保证每天抽出　　时间整理。

宣誓人：

日期	整理项目	存入	支取	余额	操作员

扫码下载表格

图4-5　能量存折

以上三种方法，无论是召开家庭整理会议、制订行动计划表，还是能量存折的使用，相信通过陪伴孩子持续练习，会对孩子整理思维的提升有所帮助。

不过，不管是多么好的整理方法，父母和孩子一起坚持才能见效。同时，父母需要对孩子的成果进行阶段性的检验，定期地查看所运用的整理方法是否对孩子有效。这里还需要注意一点，执行行动计划时，需要及时进行灵活调整。

抓住关键时间点，孩子才更愿意配合。陪伴孩子整理的过程是一个长期作战的过程。父母和孩子在这个过程中，需要不断去尝试新的方法。只有不断地尝试、调整，最终才能形成习惯。多让孩子动手参与，孩子才会更乐于坚持，不管孩子做什么决定，坚持才是最重要的。

每个孩子天生就是小小整理师。父母陪伴孩子成长要学会用心观察，并在恰当的时候给予正向的引导和鼓励。只要坚持下去，相信一切都会开花结果。

第 5 章

写给孩子的整理日记

心理学家武志红老师曾说："很多中国式的家庭常常是共生的关系，边界感模糊，我中有你，你中有我，这样陷入死循环。"所以儿童房与家庭的公共空间之间只有一门之隔，但随着平等尊重的亲子关系逐步建立，界限感就应该被重视起来！

在亲子整理的过程中，边界感的缺失，算是高占比的问题。有些父母以爱之名，以自己的标准要求孩子。美其名曰是为孩子好，实际上却强制要求孩子按照父母制定的标准生活。这样下去，孩子在无形中承担了很大的压力，也可能留下童年创伤。

为什么会出现没有边界感的情况？其实，这更多地反映了父母的控制欲和焦虑。有很多父母将孩子视为自己生活中的全部，把过度的注意力放在他们身上，毫无保留地奉献。父母希望孩子是完美的，没有任何瑕疵，更不允许他们脱离自己的掌控。而接踵而来的焦虑感，则一遍又一遍地冲击着本就脆弱的亲子关系，模糊了父母与孩子之间本该清晰的界限。

父母与孩子一起做整理，建立边界感是非常重要的一环。通过空间规划，让孩子感受建立边界感的过程，体验清晰界限带来的尊重。其实，这是在以一种新的方式，更好地教孩子换位思考、学习情感交流和沟通。

亲子整理中，边界感建立的最佳时期从儿童房的规划开始。其实，所谓的边界感，就是在家庭空间规划时，给父母和孩子留出一定的空间。而这种空间感不一定以实物（如一堵墙、一扇门）呈现，更多的边界感是虚拟的，并没有实际物品做支撑，需要父母在日常生活里教导并明确告知孩子。

孩子能够建立起边界感的重要前提是家庭空间有边界感，父母也明白边界感的重要性。这样通过家庭空间本身的界限与父母的言传身教，让孩子明白，每个人都是独立的个体，拥有一定意愿和需求，可以通过沟通，清晰地了解自己的社会责任，与别人建立正向的关系。

这里我想讲一个我服务的案例——小 A 家。走进小 A 家，是因为孩子分房的问题已经严重影响他们家的家庭关系，急需调解。小 A 的女儿已经 12 岁了，分房却反复失败，当下的亲子关系受到了极大的挑战。当我们走进小 A 女儿房间的那一瞬间，我终于知道了孩子不愿意分房的原因。

儿童房里摆放着一张床，床上堆满了孩子的物品，有玩偶、被子、行李箱等。试问，你会愿意在这张床上睡觉吗？

房间里除了床以外，桌上也布满了各种画具，还有教学课本、资料文具以及各种细碎的东西。我问小 A，你还记得这个满满当当的房间当初的样子吗？小 A 摇头说她早已想不起来了。

可是，如果我们仔细一看，房间内浅色的墙纸上星星点点地被一些小图案装饰着，还是能依稀看出当时装修和布置这个房间时的用心。

究竟是什么原因导致房间出现这样的状况呢？在我走进几千户家庭后，总结出了很多共性问题。其中，最重要的一个原因在于，父母与孩子分房，只是给了他们一个可自由支配的空间，却没有教他们管理和维护这个空间的方法，导致儿童房慢慢沦为"仓库"或堆积物品的房间。

我们帮小 A 家把儿童房重新规划好后，还原了儿童房的区域功能，小 A 的女儿也实现了顺利分房（如图 5-1、图 5-2 所示）。

图5-1　小A家分房前未合理规划儿童房空间分区，孩子不愿意居住

图5-2 小A家重新规划空间后，儿童房分区明显，家长与孩子顺利分房

顺利分房第一个要解决的问题是分床和分房的时间节点，到底孩子在哪个年龄段是最适合分房的呢？根据儿童成长规律，专家建议 5~8 岁是孩子最好的分房年龄段，也就是从孩子幼儿园中班开始到小学 3 年级前。

另外，年龄段没有统一的标准，什么时候分房也没有唯一的答案。无论是分床还是分房，都不需要拘泥于固定的时间点。年龄并不是分房睡的主要参考标准，分房的合适时间，应该在父母和孩子都准备好后。而为了顺利实现分房，父母应该帮助孩子做好规划，创造独立的空间。

从准备和孩子分房到孩子彻底适应分房，大概需要半年的时间去做铺垫和准备。在孩子幼儿园中班到大班的阶段，是养成秩序感的最佳时间。孩子开始对独立生活有了认识，这个阶段是家长做铺垫的黄金时期。同时，在这个阶段分房，也有利于孩子从幼儿园顺利过渡到小学阶段，更好地适应即将到来的小学生活。

1. 陪孩子一起去设计幻想中的独立空间

当孩子有了独立的意识和对独立空间的渴求时，那便是可以开始分房的信号。如果孩子某天突然以羡慕的语气说道："小明有自己的房间。"那么，这是很好的分房机会。这证明孩子对独立空间有了渴望，开始向往独立生活。这时候，父母要恰当地引导他们，询问他们是不是自己也想拥有一间独立的房间。如果孩子开始了对独立房间的幻想，父母也可以在这个过程中，和孩子一起布置出理想的房间。或许是一面粉色的墙、一辆汽车床，或者是一组可以放满盲盒的柜子、一个可以搭建在床上的帐篷等。父母可以去了解孩子的需求，一点一滴地勾勒出理想的房间。

2. 孩子负责做梦，父母负责把孩子的梦想一点点地创造出来

孩子勾画的蓝图，父母要负责一点点地去实现。我不建议父母直接给孩子一个完全按照父母意愿设计的房间，那不是孩子理想中的家。孩子需要对自己的专属空间有更多的想象和参与。父母在引导孩子畅想的过程中，应综合实际现状考虑，有计划地填满他们梦想中的蓝图。

在环境的设计与布置上，多花心思让孩子参与，从引导孩子、尊重孩子，到协调父母的诉求，不断调整彼此的意愿，一步一步地对房间进行完善。一旦孩子有了归属感，也会更喜欢自己的房间。

好习惯的养成，是需要时间去践行的。父母引导孩子参与布置，要鼓励孩子对房间进行布置，甚至允许孩子发挥创造力对房间进行合理的改造。另外，父母还需要给予孩子相应的指导和建议，特别是关系到空间规划和整理收纳的问题。这样，孩子在独立进入自己的房间生活时，就拥有了整理收纳的观念。后续的管理和维护就是自然而然的事情了。

3. 房间的规划设计要考虑安全感

如果孩子平时习惯跟妈妈同床睡，就不要操之过急让孩子自己一个人睡，这样会让他们缺乏安全感。对于分房睡，父母可以提前与孩子约定好，比如生病或难过的时候，就可以回来跟妈妈一起睡，平时没有特殊情况不能"犯规"。如果妈妈由于心软屡屡犯规，可能会导致和孩子越来越分不开。同时，可以在爸爸妈妈的房间里，为孩子设计一个专属于他自己的居心所，给孩子一个"秘密基地"。特别是二胎家庭，当大宝处在分房的阶段时，更加建议设置这样的环节。

儿童房标志着孩子拥有了独立的空间，也开始进入自我管理的阶段。在这个过程中，孩子会试着管理自己的物品。如果在这个小小的空间里，孩子能够很好地与自己的物品相处，那么等将来进入社会，也能够很好地融入社会。

同时，儿童房的设计除了应考虑让孩子参与规划以外，在分房前，建议父母和孩子都提前做好以下准备，以便顺利地实现分房。

（1）分房后明确在什么时间、什么情况下，可以和父母同房睡觉。

（2）如遇特殊情况，如身体不舒服，需要父母贴身照顾，可以和父母同房睡觉，其他情况不允许。

（3）每月可以规定固定的天数和父母一起睡。

（4）采用积分鼓励的形式，比如奖励积分兑换玩具等。

4.巧用工具，让分房更顺利

在孩子怕黑或者害怕一个人的情况下，可以添置小夜灯、对讲机等小物件，来保护孩子的安全感。

5.正确利用儿童房房门，确保孩子和父母之间的良性互动和沟通

对孩子来说，儿童房是一个全新、独立且完整的空间，在分房的阶段，父母与孩子之间要逐步建立对彼此尊重并能良性互动沟通的桥梁。关于具体原则的设定和遵守，可以借由儿童房的房门来实现。孩子把儿童房打开，意味着愿意与父母沟通分享。同时，也要允许孩子有拒绝的权利。在孩子把儿童房

的门关上的时候，意味着孩子需要自己独处，或者需要有自己的秘密空间，此时父母暂时不要去打扰。

　　这个无声的行为，可以作为父母和孩子之间行之有效的沟通方式。儿童房门开关规则的制定，意味着孩子在与父母沟通时的地位和方式正在逐步发生变化。

　　父母也需要给孩子足够自由支配的时间和空间。可以考虑在儿童房房门处，挂一块小黑板，以此作为另外一种沟通方式（如图 5-3 所示）。

图5-3　儿童房房门的另一种沟通方式

　　黑板上的内容可以是如下信息。

　　关于房门打开的规则：进门前请敲门，经过同意才能开门。

关于孩子自己的提醒：今天有舞蹈课，要带舞蹈服。

关于彼此之间的祝福：母亲节、父亲节快乐！生日快乐！考试加油！

还可以是如下信息。

我需要静一静，不要打扰！

我今天不想出门去打球。

我在复习考试，请保持安静。

……

儿童房门口的小黑板可以起到意想不到的作用，比如，作为父母和孩子之间沟通不善的缓冲窗口。

这些预留的设置，除了增加父母和孩子之间的互动以外，最明显的作用就是促进良性沟通，尤其是孩子进入青春期之后的沟通。

相信我，在规划儿童房、实现分房的阶段，利用好房门这个工具，将成为亲子良好互动的开始。

父母每一次打开房门，都意味着与孩子之间的关系更进一步。不管是良好沟通，还是矛盾处理，都是陪伴彼此成长中不可或缺的环节。

（1）儿童房门＝独立：儿童房不是一个简单的房间，它是孩子独立生活的开始。当孩子还和父母住在一起的时候，他们的依赖性会更强一些。像床铺的整理、房间的打扫、衣服的收纳，很多时候都是父母包办的。而在自己的房间里，孩子会逐渐独立，开始学着自己叠被子、叠衣服，整理自己的房间等。

一个好的儿童房环境，对于孩子独立成长至关重要。在孩子成功过渡，真正实现分房之后，儿童房将正式成为孩子独立的居所，房门则是连接孩子独立空间和外部世界的枢纽。

孩子在这个属于自己的小小世界里，可以不受任何人打扰，做自己喜欢的事情，逐渐学会独处和独立思考。周末的时候，也可以锁上门，窝在被窝里睡上一整天。待在令自己舒适的空间里，拥有充足的安全感，这才是孩子真正意义上的避风港。对孩子来说，不被打扰的儿童房是建立友谊的最佳场所。慢慢地，你会发现，孩子开始在这个空间里独立地接待朋友。

另外，越早建立隐私意识，对孩子的成长也越好。当孩子有了隐私意识后，不仅会开始注重自己的隐私，也会更加尊重别人的隐私。从孩子的安全角度来考虑，隐私意识可以让孩子更好地保护自己。

（2）儿童房门＝信任：在独立的过程中，儿童房逐渐成为孩子自由支配的空间。而父母在这时需要做的就是充分地尊重和信任孩子。一旦儿童房门被关上，父母就应该明白，此时孩子需要独处，不要过多地去打扰他们。

此时，作为家长，在看待孩子自由利用空间的问题上，需要以平等的心态来面对。孩子在这个私密的空间里，毫无顾忌地释放情绪，只要孩子不影响他人，就应该给予信任，适当地放手。

孩子做自己的事情，父母应尽量减少干预。不要因为担心孩子的行为会产生不良后果，就不停地干扰，甚至是制止他们。与其不断地打扰、武断地阻挠，不如约法三章，给予孩子足够的自由和鼓励。不过，确保安全是首要原则。父母需要提前和孩子反复强调安全的重要性。

给孩子一定选择的权利后，不要胡乱猜疑孩子能否做到、能否做好。有很多父母在这个过程中，没有把握好度，反而会让孩子感到不被信任。他们会觉得爸爸妈妈认为他做不好，从而不自信，甚至产生自卑心理。相反，如果在信任的基础上，给予孩子更多鼓励，让他们多尝试，会让孩子更加自信。

用好儿童房的这扇门，将开启孩子独立又美好的新天地！

5.2 目之所及都是热爱，旧东西也要珍惜

通过物品的流转与流通，培养孩子爱惜物品的品德。在全屋整理中，儿童房内的物品是最多被筛选出来在市场上二次流通的。孩子容易被新奇的事物所吸引，特别是玩具。所以，常常会出现刚买的玩具就被扔在家中某个角落的现象。但孩子又经常"喜新厌旧"，导致家长在面对一堆玩具时束手无策。这是我们在亲子整理时遇到的一大头疼问题。

亲子整理如何引导孩子养成惜物的习惯，避免长大后成为大手大脚的人呢？这个问题值得所有父母去思考。

孩子对物品价值的判断标准与成人的标准不同。又或者说，父母和孩子在有关物品价值的定义上存在分歧。我们会发现，父母偏向于以价格来定义价值，但所谓的高单价物品，如果对孩子来说，没有特殊存在的意义，那么也就谈不上有价值了。因为孩子更加关注物品背后的故事和意义。

想要让孩子更加爱惜物品，父母要做的其实很简单，就是赋予每一件物品仪式感和故事价值。这提醒我们，在整理时不要只关注整理效果，还应当着重挖掘每一件物品背后的故事。

1. 学着当一名编剧：用故事脚本赋予玩具价值

我们每一次整理筛选都会发现非常多的纪念品。有些可能

是旅行时买的，有些可能是特殊节日别人赠送的，还有一些你可能已经完全没有印象。我们是这样，孩子也一样。

怎么才能让孩子对物品更珍惜？我觉得关键在于这件物品背后是否有能打动你的故事。我们珍惜这件物品不仅仅是因为物品使用感好或者价格高，更多的是因为它能唤醒你某一段沉睡的记忆。

父母引导孩子整理，可以学着做一名编剧，帮助孩子给每一件物品编写脚本（如图5-4所示）。在某一个时刻，坐下来和孩子聊一聊，让孩子体会物品背后的价值。

图5-4　一起学着当一名编剧：用故事脚本赋予玩具价值

2.学着当一名修理工：试着修复坏掉的玩具

有时候我们也会遇到另外一个问题，那就是物品是否保留取决于这个物品是不再使用还是不能使用。现代社会容易出现物品过剩的情况，在孩子的认知里，不再使用的物品，等同于不能使用，也就是没有使用价值。基于这个思维逻辑，孩子很难做到珍惜物品。

父母筛选孩子物品时，可以试着做一名修理工。带着孩子一起修复破损的书本、玩坏的玩具、开线的衣物。一起做一些手工活，让孩子参与其中，这样既能让孩子感受到修补的乐趣，也能使其对物品更加珍惜（如图 5-5 所示）。

图5-5　一起学着当一名修理工：试着修复坏掉的玩具

3. 学着当一名改造家：赋予环保的意义，陪伴孩子再创造

亲子整理中教导孩子爱惜物品有一个非常有效的方式，就是废物再利用，一起做手工。比如，将我们的鞋盒改造成玩具车的停车场、将硬纸箱设计成恐龙乐园、把不再玩的玩偶变成小沙发、把纸袋子裁剪成收纳盒或纸巾盒等。其实，生活中有非常多的旧物可以通过手工再次创造出新颖的实用物。

父母陪伴孩子再创造，既可以让孩子体验到做手工的乐趣，又可以令孩子观察、感受和总结生活的经验。

4.学着当一名陈列师：用空间来管理物品的数量，从而控制欲望

孩子不断成长，储物需求也会不断增加。物品结构的变化，势必需要更合理地规划空间。在孩子某一类物品增加之后，要么增加储物区域，要么将不再被需要的旧物筛选出来。

不过，当玩具的陈列区域相对固定，无法很好地满足孩子的收纳物品需求时，也可以考虑让孩子挑选自己最喜欢的、最希望陈列的物品去重点展示。在这个过程中，也可以很好地锻炼孩子的选择能力（如图 5-6 所示）。

图5-6　父母放手，让孩子学会思考如何做选择

5.3 比学区房更重要的是，父母对家的经营

"父母之爱子，则为之计深远。"身边有非常多的家长，在谈到孩子的教育与成长规划时，第一反应是努力赚钱为孩子选购优质学区房。然而，在这个观点上，我持不同见解。我觉得比起整理物品，更重要的是教会孩子感知生活的美好。这不是房子本身可以带来的，而是需要我们用心去经营的。

讲一个案例：我在亲子陪伴式整理课程中见到一位小朋友，他叫小禹。当我们第一次走进他家的时候，满满当当的物品呈现在我们眼前，极具冲击力。电视柜旁、书桌上、墙角处堆满了书籍，我们当即判断这绝对是一个关注亲子阅读、重视孩子学习成长的家庭。

小禹今年开始上幼儿园大班了，家长希望在房间内开辟一个独立的学习空间，为今后的学习做准备，并且未来还想在飘窗处布置一个阅读角。通过与父母的交流，我们深深感受到家长对孩子成才的期望，可当我们走进小禹的房间，看到书桌区域时，才发现父母的理想规划和孩子的现实生活环境存在极大落差。

"姐姐不爱收拾，所以弟弟也这样！""根本就叫不动他们！""每天都是鸡飞狗跳、乱糟糟的！""孩子讨厌收拾整

理！""每天面对一片狼藉的房间，我真是束手无策……"
这些是我们通过和妈妈交流，了解到有关孩子们的整理表
现。可真实情况真如妈妈所说的那样吗？孩子真的不喜欢收
拾吗？

随后我邀请小禹和妈妈一同整理，通过整理小游戏的形
式，帮助小禹更好地理解整理思维与方法。另一边，妈妈也开
始系统地学习整理，从了解空间规划到整理收纳理论，再到
上手实践，整个过程不断传来妈妈的惊叹声"哦，这样呀！"
"我知道怎么处理了！""这个交给我！"此刻，小禹也被妈妈积
极的状态所感染，主动挑选自己喜欢的拼图、书册进行整理，过
程中，还不时向大家介绍他心爱的"朋友们"，并认真地给每个
物品安家、贴上标签。最后，看到自己的整理成果，小禹高兴
得手舞足蹈。这一刻，谁又会相信，这是妈妈口中那个讨厌整
理、邋里邋遢的孩子呢？

妈妈和小禹整理完书桌后，在床头布置了睡前读物区域，
这样每晚都可以享受温馨的亲子阅读时光。

他们家的房子是学区房，位于老城区。妈妈总觉得面积很
小，但相比于我们见过的其他户型，这里已经算是不错的了。
其实妈妈感觉空间太小的原因在于没做好规划，很多物品没
地方放，才导致房间显得杂乱拥挤。

住得舒服，需要每个家庭成员的努力。父母和孩子共同学
习整理收纳技能（如图 5-7 所示），并用到实践中去，有助于

提升家的幸福感。这样即使在一个先天条件不那么好的房子里，也能住得舒心！

图5-7　父母和孩子一起学习整理

5.4 家的秩序感，是孩子天然的感知和需求

　　小 J 家是我们服务的第一户三孩家庭。入户的那天正巧遇到小 J 带着三个孩子和外婆外出回来。踏入玄关的那一刻，我便听到孩子的外婆说："不好意思，家里看起来很乱。"这算是我们最常听到的话，大家会心一笑，同时也体会到了客户对家的那份在意。

　　我们上门整理那天，妈妈和三妹决定一起整理姐姐的衣橱。考虑到孩子的年纪，我们通过游戏的方式让孩子学习分类的规则，了解分类的逻辑。这时，姐姐看到大家在玩游戏，也主动要求加入。在游戏过程中，我们观察到两个小朋友完全不同的做事方式，一个是安静观察型，边观察边动手；另一个则是行动派，做了再说。令我们印象深刻的是，有一个围巾小贴纸没有放在规定区域，后来孩子们给出的解释是因为她们以为那是宠物小狗的围脖。孩子就是这样，总能带给我们那么多童趣。家长陪伴孩子成长需要一双善于发现的眼睛。

　　两个孩子一起做整理，妹妹的进度相对有些缓慢，妈妈忍不住想要帮忙。其实，我们并不主张家长在游戏中过多干涉，只要在孩子不知所措时给予指导即可。比完成整理任务更重要的是了解孩子的需求与想法，再教孩子如何做整理。

孩子们对秩序的敏感可谓与生俱来，他们在生活中都有自己的一套"程序"。其实，整理并没有标准答案，每个孩子都是天生的"小小整理师"。我们与其努力教孩子一套"程序"，不如尊重他们的"程序"，这样反而会得到意想不到的结果。

在分析完衣橱的使用问题并对衣橱重新做出规划和调整后，我们工作的重点就转移到了教大人和小朋友小衣物的折叠上。

很多家长会觉得亲子整理只要孩子学就好了。但其实，这是一个很大的误区，我们反而会更强调大人的参与。因为模仿是小朋友的主要学习方式，在养成良好生活习惯这件事情上，孩子是从模仿父母行为开始的。只有父母率先做出榜样，孩子才能更快地掌握整理这项技能（如图 5-8 所示）。

图5-8　父母和孩子一起整理生活区域

看到我们的整理成果，外婆十分惊讶地说："同样的衣服，同样的步骤，你们整理师怎么就可以叠得这么好呢，就像有魔法一样！"其实，我们不过是熟能生巧，真正厉害的是孩子们，他们的学习能力让成年人惊叹。作为家长，经常会觉得孩子还小，担心他们做不好而不让其动手，但当放手让孩子去做时，家长就会发现，他们的能力简直出乎意料。

在教育上投资，既不是在房间里堆满各种玩具和书本，也不是满世界旅行，而是要时常关注他们的感受，关注他们内心对于生活的理解。最好的教养来自生活。

后记

与孩子一起亲子整理

在本书最后，我想再次强调，如果想把亲子整理做好，需要注意以下两点："收纳环境"和"父母本身"。收纳环境是让孩子养成良好习惯的先决要素。这个环境不需要多豪华，也不需要非常多的预算，而是父母规划空间要考虑孩子的适龄阶段和对物品的实际需求。做好亲子整理的第二个关键点在于父母是否做好准备——除对孩子每个阶段的发展有基本认知外，还需要有足够的耐心，给予孩子无条件的爱。

① 在不经意间，种下整理的种子

我想，没有什么是天生的。孩子成长的旅途中，喜欢整理的种子可以在不经意间种下。

亲子整理，从来不是孤立的事情！从衣橱到玩具、从书桌到书包、从物品整理到自我管理、从生活整理到养成习惯等，所有类型的整理都有千丝万缕的联系。亲子整理作为亲子教育的一部分，无法孤立地理解，也无法仅由孩子或家长一方完成，所以，系统地掌握亲子整理思维显得尤为重要。

每个孩子都是独一无二的存在。他们成长的快慢，取决于他的父母和他所处的教育环境。

❷ 父母的坚持，是孩子习惯养成的关键

在规划好适合孩子成长的环境后，孩子行为习惯的管理和养成，更需要父母的引导和坚持。在孩子行为习惯的养成阶段或者对秩序最敏感的阶段，恰巧是能将整理收纳习惯融入日常生活学习中的重要转折点。此时，父母应及时给予孩子适当的引导。父母能否循循善诱，决定了孩子能否从小养成收纳习惯。

很多时候，父母需明确一点：行动的作用是双向的。有时候，孩子在执行规则和做出行动时最大的阻碍，不是他自己，而是家长。孩子完成了应做的事项，但家长不遵守规则，导致最终结果不尽如人意。所以，父母一定要坚持以身作则。

❸ 做好对未来的规划

孩子的未来是由每一个今天组成的，他们的成长之路是父母的爱和陪伴构筑的。如果父母和孩子每天相处的时间不长、沟通与交流的内容不多，那么父母与孩子的关系也会渐渐

变得疏远。这样下去，孩子出现的问题只会越来越多、越来越明显。

　　一个人成功的关键在于懂得做好未来规划，从而更合理地安排自己的人生，一步一步达成目标。学好整理收纳，用今天的付出，去成就孩子美好的未来。愿我们能与孩子彼此陪伴、共同成长。

致 谢

在这里，我要向我们的客户表达真诚的感谢，一直以来，你们的信赖和支持，陪伴我们在这片热土上细心耕耘，给予我们不断前进的动力。感谢团队里的每一位一线整理师，凭借专业的技能将平凡的家庭角落变成温馨的港湾，让日常空间焕发新的生命力。

15年来，留存道一直坚守绿色、环保的生活方式，努力将可持续的理念融入全生命周期服务之中，从最初的整理规划到持续的空间管理，以"房子—屋子—柜子—盒子"四维法则为基准，不仅对家庭的整体空间精心规划，而且关注空间内每一处收纳细节的优化，重新审视空间、物品与人的共生关系，让每一个家庭都能享受到持久和高质量的生活改善。

我们始终将"改变一代中国家庭的生活方式，传递一种不将就的生活态度"作为终身的使命，坚信通过我们的努力，可以启发人们对生活空间新的理解，为更多家庭带来舒适与整洁，帮助更多人活出内心富足的人生。

卞栎淳

感谢为这本书付出心力的留存道®CEO王宪文、服务总监林琳、品牌总监王子瑜以及品牌部同事王艺璇，感谢等待一年多的编辑，感谢给予我智慧的学者和老师们，感谢在亲子整理推广中给予我充满挑战的工作环境及值得回忆与自省的人和事，这是我成长的催化剂，也是我写作的支持和指引。正是因为大家的帮助与指导，让我对这个领域有了更深入的了解，也让这本书得以顺利出版。

最后，感谢每一位选择阅读这本书的读者，希望它能带给你们启发与帮助，让每一个家庭都能因为整理而更加和谐、温暖。

陈俐嫔